数据结构（C#语言描述）

主　编　库　波

副主编　秦培煜　余恒芳

参　编　张克斌　袁晓曦　郭　俐

北京理工大学出版社

BEIJING INSTITUTE OF TECHNOLOGY PRESS

内容简介

本书介绍了数据结构的基本概念和基本算法。全书共分为9章，主要内容包括：绪论、线性表、栈和队列、串、数组和广义表、树、图、查找、排序等。各章中所涉及的数据结构与算法均给予了C#语言描述（所有程序都运行通过），以便于读者巩固和提高运用C#语言进行程序设计的能力与技巧。

本书在内容的选取、概念的引入、文字的叙述以及例题和习题的选择等方面，都力求遵循面向应用、逻辑结构简明合理、由浅入深、深入浅出、循序渐进、便于自学的原则，突出其实用性与应用性。

本书为高职高专计算机专业教材，也可用作各校非计算机专业辅修计算机专业课程的教材，还可以供从事计算机软件开发的科技人员自学参考。

图书在版编目（CIP）数据

数据结构：C#语言描述/库波主编. —北京：北京理工大学出版社，2016.8（2020.1重印）

ISBN 978-7-5682-2475-8

Ⅰ.①数…　Ⅱ.①库…　Ⅲ.①数据结构-高等学校-教材②C语言-程序设计-高等学校-教材　Ⅳ.①TP311.12②TP312

中国版本图书馆CIP数据核字（2016）第141288号

出版发行／北京理工大学出版社有限责任公司
社　　址／北京市海淀区中关村南大街5号
邮　　编／100081
电　　话／（010）68914775（总编室）
　　　　　（010）82562903（教材售后服务热线）
　　　　　（010）68948351（其他图书服务热线）
网　　址／http：//www.bitpress.com.cn
经　　销／全国各地新华书店
印　　刷／三河市华骏印务包装有限公司
开　　本／787毫米×1092毫米　1/16
印　　张／15.25
字　　数／360千字
版　　次／2016年8月第1版　2020年1月第3次印刷
定　　价／39.80元

责任编辑／王玲玲
文案编辑／王玲玲
责任校对／周瑞红
责任印制／李志强

图书出现印装质量问题，请拨打售后服务热线，本社负责调换

前　言

随着信息技术的发展和普及，作为高等教育的一种类型教育，高职高专教育更强调工程化和职业化教育——学生不仅应具有基本的专业理论知识，更重要的是应具有过硬的专业技能和工程能力。目前学生对数据结构知识的掌握和应用能力与企业用人的需求还存在很大差异，传统的教学模式和教学内容无法满足学生职业发展的需要。因此，有必要加强对在校大学生计算机编程能力的训练，最终达到提高学生职业素质的目的。

鉴于此，教育部高等学校高职高专计算机类专业教学指导委员会组织十余所院校的多位计算机教育一线专家，共同策划编写了这本《数据结构（C#语言描述）》。

《数据结构（C#语言描述）》主要培养学生分析数据、组织数据的能力，告诉学生如何编写效率高、结构好的程序。本书在内容的选取、概念的引入、文字的叙述以及例题和习题的选择等方面，都力求遵循面向应用、逻辑结构简明合理、由浅入深、深入浅出、循序渐进、便于自学的原则，突出其实用性与应用性。

一、教材特色

■ 由浅入深，通俗易懂

本书在基本概念、基本理论阐述方面注重科学严谨。同时，从应用出发，对新概念的引入均以应用实例开始，对各种基本算法描述尽量详细，叙述清晰。

■ 循序渐进，通俗易懂

内容简明，图文并茂；案例讲解通俗易懂；步骤详尽，方便操作；知识点明确，方便查阅。

■ 资源开放，网站支撑

精品资源网站(http://jpkc.whtvu.com.cn/sjjg)提供教学内容、教学设计、教学资源、实践教学、案例库、在线考试等功能，方便师生利用网络环境进行学习与交流。

二、内容介绍与教学建议

全书共分9章。第1章主要讲述数据结构和算法的基本概念。第2~7章分别讲述线性表、栈和队列、串、数组与广义表、树和图这几种基本数据结构的特点、存储方法和基本运算，书中安排了相当的篇幅来介绍这些基本数据结构的实际应用。第8章和第9章讲述查找和排序的基本原理与方法。各章中所涉及的数据结构与算法，均给予了C#语言描述，以便读者巩固和提高运用C#语言进行程序设计的能力与技巧。书中所有程序都已运行通过，并可从北京理工大学出版社的网站免费下载。

本教程的内容结构如下：

第1章：主要介绍数据结构基础知识；

第2章：主要介绍线性表；

第3章：主要介绍栈和队列；

第4章：主要介绍串及其基本操作；

第 5 章：主要介绍递归；

第 6 章：主要介绍树及二叉树基本操作；

第 7 章：主要介绍图的基本操作；

第 8 章：主要通过案例的实现介绍查找方法基本操作；

第 9 章：主要通过案例的实现介绍排序方法及基本操作。

本教程建议以理论课与实践课相结合的方式进行讲授，强调学生的实际动手能力。各院校可以根据自己的实际情况适当调整教学内容。

三、案例说明

■ 单一案例

包括九九乘法表、顺序表与链表的应用、栈与队列的应用、矩阵乘法、图的遍历、哈夫曼编码应用、二叉树的应用、折半查找算法的应用等。

■ 综合案例

包括学生成绩管理系统、排序系统、图书馆借书系统等。

四、读者对象

■ 高职高专计算机相关专业的学生；

■ 计算机相关专业培训机构的学生；

■ 广大计算机爱好者。

本教材编写团队集中了武汉软件工程职业学院计算机学院的优势力量，编者都是具有多年一线教学实践经验的资深专家。教材由工业和信息化部行业指导委员会委员王路群教授主持并通览全稿。库波对本书的编写思路与项目设计进行了总体策划，参与编写的还有秦培煜、余恒芳、张克斌、袁晓曦、郭俐。

本书在编写的过程中得到了武汉软件工程职业学院计算机学院信息管理教研室的大力支持，在此表示衷心的感谢！

本书配有电子教案，此教案用 PowerPoint 制作，可以任意修改，选用本教材的老师可以与北京理工大学出版社联系，免费获取该电子教案。

由于时间仓促，水平有限，书中难免有疏漏之处，敬请广大读者不吝指正。

编　者

目　录

第1章　绪　　论

本章学习导读

本章介绍了数据结构这门学科诞生的背景、发展历史以及在计算机科学中所处的地位，重点介绍了与数据结构有关的概念和术语，读者学习本章后应能掌握数据、数据元素、逻辑结构、存储结构、数据处理、数据结构、算法设计等基本概念，并了解如何评价一个算法的好坏。

1.1　引　　言

众所周知，20 世纪 40 年代，电子数字计算机问世的直接原因是解决弹道学的计算问题。早期，电子计算机的应用范围，几乎只局限于科学和工程的计算，其处理的对象是纯数值型的信息，通常人们把这类问题称为数值计算。

近 80 年来，电子计算机的发展异常迅猛，这不仅表现在计算机本身运算速度不断提高、信息存储量日益扩大、价格逐步下降，更重要的是计算机广泛地应用于情报检索、企业管理、系统工程等方面，已远远超出了数值计算的范围，而渗透到人类社会活动的一切领域。与此相应，计算机的处理对象也从简单的纯数值型信息发展到非数值型的和具有一定结构的信息。

因此，再把电子数字计算机简单地看作是进行数值计算的工具，把数据仅理解为纯数值型的信息，就显得太狭隘了。现代计算机科学的观点，是把计算机程序处理的一切数值的、非数值的信息，乃至程序统称为数据（Data），而电子计算机则是加工处理数据（信息）的工具。

处理对象的转变导致系统程序和应用程序的规模越来越大，结构也相当复杂，单凭程序设计人员的经验和技巧已难以设计出效率高、可靠性强的程序，数据的表示方法和组织形式已成为影响数据处理效率的关键。因此，就要求人们对计算机程序所加工的对象进行系统的研究，即研究数据的特性以及数据之间存在的关系——数据结构（Data Structure）。

1.2　数据结构的发展简史及其在计算机科学中所处的地位

数据结构是随着电子计算机的产生和发展而发展起来的一门较新的计算机学科。数据结构所讨论的有关问题，早先是为解决系统程序设计中的具体技术而出现在《编译程序》和《操作系统》之中的。“数据结构”作为一门独立的课程，在国外是从 1968 年才开始设立的。在这之前，它的某些内容曾在其他课程，如表处理语言中有所阐述。1968 年，在美国一些大学的计算机系的教学计划中，虽然把“数据结构”规定为一门课程，但对课程的范围仍没有做明确规定。当时，数据结构几乎和图论，特别是和表、树的理论为同义语。随后，数据结构这个概念扩充到包括网络、集合代数论、格、关系等方面，从而变成了现在的“离散结构”的内容。由于数据必须在计算机中进行处理，因此，不仅要考虑数据本身的数学性质，还必须考虑数据的存储结构，这就进一步扩大了数据结构的内容。近年来，随着数据库系统的不断发展，在数据结构课程中又增加了文件管理（特别是大型文件的组织等）的内容。

1968 年，美国唐・欧・克努特教授开创了数据结构的最初体系，他所著的《计算机程序设计技巧》第一卷《基本算法》是第一本较系统地阐述数据的逻辑结构和存储结构及其操作的著作。从 60 年代末到 70 年代初，出现了大型程序，软件也相对独立，结构程序设计成为程序设计方法学的主要内容，人们越来越重视数据结构，认为程序设计的实质是对确定的问题选择一种好的结构及设计一种好的算法。从 70 年代中期到 80 年代初，各种版本的数据结构著作相继出现。

目前，在我国“数据结构”也已经不仅仅是计算机专业的教学计划中的核心课程之一，还是其他非计算机专业的主要选修课程之一。

“数据结构”在计算机科学中是一门综合性的专业基础课。数据结构的研究不仅涉及计算机硬件（特别是编码理论、存储装置和存取方法等）的研究范围，还和计算机软件的研究有着更密切的关系，无论是编译程序还是操作系统，都涉及数据元素在存储器中的分配问题。在研究信息检索时，也必须考虑如何组织数据，以便查找和存取数据元素。因此，可以认为数据结构是介于数学、计算机硬件和计算机软件三者之间的一门核心课程。我国从 1978 年开始，各院校先后开设了“数据结构”课程。1982 年，全国计算机教育学术讨论会和 1983 年全国大专类计算机专业教学工作讨论会都把“数据结构”确定为计算机类各专业的骨干课程之一。这是因为，在计算机科学中，数据结构这一门课的内容不仅是一般程序设计（特别是非数值性程序设计）的基础，还是设计和实现编译程序、操作系统、数据库系统及其他系统程序的重要基础。

值得注意的是，数据结构的发展并未终结，一方面，面向各专门领域中特殊问题的数据结构得到研究和发展，如多维图形数据结构等；另一方面，从抽象数据类型的观点来讨论数据结构，已成为一种新的趋势，越来越被人们所重视。由此可见，数据结构技术的产生时间并不长，它正处于迅速发展阶段。同时，随着电子计算机的发展和更新，新的数据结构将会不断出现。

1.3 什么是数据结构

什么是数据结构？这是一个难以直接回答的问题。一般来说，用计算机解决一个具体问题时，大致需要经过以下几个步骤：首先要从具体问题中抽象出一个适当的数学模型，其次设计一个解此数学模型的算法（Algorithm），最后编出程序，进行测试、调整直至得到最终解答。寻求数学模型的实质是分析问题，从中提取操作的对象，并找出这些操作对象之间含有的关系，然后用数学的语言加以描述。为了说明这个问题，我们首先举一个例子，然后再给出明确的含义。

假定有一个学生通讯录，记录了某校全体学生的姓名和相应的住址，现在要写一个算法，要求是，当给定任何一个学生的姓名时，该算法能够查出该学生的住址。这样一个算法的设计，将完全依赖于通讯录中的学生姓名及相应的住址使用什么样的结构，以及计算机是怎样存储通讯录中的信息。

如果通讯录中的学生姓名是随意排列的，其次序没有任何规律。那么，当给定一个姓名时，则只能对通讯录从头开始逐个与给定的姓名比较，顺序查对，直至找到所给定的姓名为止。这种方法相当费时间，效率很低。

然而，若我们对学生通讯录进行适当的组织，按学生所在班级来排列，并且再制作一个索引表，这个表用来登记每个班级学生姓名在通讯录中的起始处的位置。这种情况将大为改善。这时，当要查找某学生的住址时，则可先从索引表中查到该学生所在班级的学生姓名是从何处起，而后，就从此起始处开始查找，而不必去查看其他部分的姓名。由于采用了新的结构，于是就可写出一个完全不相同的算法。

上述的学生通讯录就是一个数据结构问题。计算机算法与数据的结构密切相关，算法无不依附于具体的数据结构，数据结构直接关系到算法的选择和效率。

下面再对学生通讯录做进一步讨论。当有新学生进校时，通讯录需要添加新学生的姓名和相应的住址；在老学生毕业离校时，应从通讯录中删除毕业学生的姓名和住址。这就要求在已安排好的结构上进行插入（Insert）和删除（Delete）。对于一种具体的结构，如何实现插入和删除？是把要添加的学生姓名和住址插入到前头，还是末尾，或是中间某个合适的位置上？插入后，对原有的数据是否有影响？有什么样的影响？删除某学生的姓名和住址后，其他的数据（学生的姓名和住址）是否要移动？若需要移动，则应如何移动？这一系列的问题说明，为适应数据的增加和减少的需要，还必须对数据结构定义一些运算。上面只涉及两种运算，即插入和删除运算。当然，还会提出一些其他可能的运算，如学生搬家后，住址变了，为适应这种需要，就应该定义修改（Modify）运算，等等。

这些运算显然是由计算机来完成，这就要设计相应的插入、删除和修改的算法。也就是说，数据结构还需要给出每种结构类型所定义的各种运算的算法。

通过以上讨论，可以直观地认为：数据结构是研究程序设计中计算机操作的对象以及它们之间的关系和运算的一门学科。

1.4　基本概念和术语

下面来认识与数据结构相关的一些重要的基本概念和术语。

1. 数据

数据是人们利用文字符号、数字符号以及其他规定的符号对现实世界的事物及其活动所做的描述。在计算机科学中，数据的含义非常广泛，人们把一切能够输入计算机中并被计算机程序处理的信息，包括文字、表格、声音、图像等，都称为数据。例如，一个个人书库管理程序所要处理的数据可能是一张如表1－1所示的表格。

2. 结点

结点也叫数据元素，它是组成数据的基本单位。在程序中通常把结点作为一个整体进行考虑和处理。例如，在表1－1所示的个人书库中，为了便于处理，把其中的每一行（代表一本书）作为一个基本单位来考虑，故该数据由 10 个结点构成。

表 1－1 个人书库

登录号	书 号	书 名	作 者	出版社	价 格
000001	TP2233	《软件测试技术》	库 波	水利水电	28.00
000002	TP1844	《局域网组建与维护》	孙 强	人民邮电	40.00
000003	TP1684	《Lotus Notes 网络办公平台》	张 斌	清华大学	16.00
000004	TP2143	《OFFICE 2012 入门与提高》	郭 俐	清华大学	22.00
000005	TP1110	《C#实用教程》	库天一	科学	29.00
000006	TP1397	《Delphi 数据库编程技术》	徐新珍	人民邮电	43.00
000007	TP2711	《ORACLE10G 管理及应用》	余恒芳	电子工业	35.00
000008	TP3239	《Visual C ++ 实用教程》	秦培煜	电子工业	30.00
000009	TP1787	《VB 程序设计》	赵丙秀	人民邮电	26.00
000010	TP42	《数据结构》	王路群	中央电大	18.80

一般情况下，一个结点中含有若干个字段（也叫数据项）。例如，在表 1－1 所示的表格数据中，每个结点都由登录号、书号、书名、作者、出版社和价格等六个字段构成。字段是构成数据的最小单位。

3. 逻辑结构

结点和结点之间的逻辑关系称为数据的逻辑结构。

在表 1－1 所示的表格数据中，各结点之间在逻辑上有一种线性关系，它指出了 10 个结点在表中的排列顺序。根据这种线性关系，可以看出表中第一本书是什么书，第二本书是什么书，等等。

4. 存储结构

数据及数据之间的关系在计算机中的存储表示称为数据的存储结构。

表 1－1 所示的表格数据在计算机中可以有多种存储表示，例如，可以表示成数组，存放在内存中；也可以表示成文件，存放在磁盘上，等等。

5. 数据处理

数据处理是指对数据进行查找、插入、删除、合并、排序、统计以及简单计算等的操作过程。在早期，计算机主要用于科学和工程计算，进入 20 世纪 80 年代以后，计算机主要用于数据处理。有关统计资料表明，现在计算机用于数据处理的时间比例达到 80% 以上，随着时间的推移和计算机应用的进一步普及，计算机用于数据处理的时间比例必将进一步增大。

6. 数据结构

数据结构是研究数据元素（Data Element）之间抽象化的相互关系和这种关系在计算机中的存储表示（即所谓数据的逻辑结构和物理结构），并对这种结构定义相适应的运算，设计出相应的算法，而且确保经过这些运算后所得到的新结构仍然是原来的结构类型。

为了叙述上的方便和避免产生混淆，通常把数据的逻辑结构统称为数据结构，把数据的物理结构统称为存储结构（Storage Structure）。

7. 数据类型

数据类型是指程序设计语言中各变量可取的数据种类。数据类型是高级程序设计语言中的一个基本概念，它和数据结构的概念密切相关。

一方面，在程序设计语言中，每一个数据都属于某种数据类型。类型明显或隐含地规定了数据的取值范围、存储方式以及允许进行的运算。可以认为，数据类型是在程序设计语言中已经实现了的数据结构。

另一方面，在程序设计过程中，当需要引入某种新的数据结构时，总是借助编程语言所提供的数据类型来描述数据的存储结构。

8. 算法

简单地说，算法就是解决特定问题的方法（关于算法的严格定义，在此不做讨论）。特定的问题可以是数值的，也可以是非数值的。解决数值问题的算法叫作数值算法，科学和工程计算方面的算法都属于数值算法，如求解数值积分、线性方程组、代数方程、微分方程等。解决非数值问题的算法叫作非数值算法，数据处理方面的算法都属于非数值算法，例如各种排序算法、查找算法、插入算法、删除算法、遍历算法等。数值算法和非数值算法并没有严格的区别。一般来说，在数值算法中主要进行算术运算，而在非数值算法中主要进行比较和逻辑运算。另外，特定的问题可能是递归的，也可能是非递归的，因而解决它们的算法就有递归算法和非递归算法之分。当然，从理论上讲，任何递归算法都可以通过循环、堆栈等技术转化为非递归算法。

在计算机领域，一个算法实质上是针对所处理问题的需要，在数据的逻辑结构和物理结构的基础上，施加的一种运算。由于数据的逻辑结构和物理结构不是唯一的，在很大程度上可以由用户自行选择和设计，所以处理同一个问题的算法也不是唯一的。另外，对于具有相同的逻辑结构和物理结构而言，其算法的设计思想和技巧不同，编写出的算法也大不相同。学习数据结构这门课程的目的，就是要会根据数据处理问题的需要，为待处理的数据选择合适的逻辑结构和物理结构，进而设计出比较满意的算法。

1.5　算法和算法的描述

1.5.1　算法

算法是计算机科学和技术中一个十分重要的概念。从下一章起，在讨论各种数据结构基本运算的同时，都将给出相应的算法。算法是执行特定计算的有穷过程。这个过程应有以下五个特点：

①动态有穷：当执行一个算法时，不论是何种情况，在经过了有限步骤后，这个算法一定要终止。

②确定性：算法中的每条指令都必须是清楚的，指令无二义性。

③输入：具有0个或0个以上由外界提供的量。

④输出：产生1个或多个结果。

⑤可行性：每条指令都充分基本，原则上可由人仅用笔和纸在有限的时间内也能完成。

由此可见，算法和程序是有区别的，即程序未必能满足动态有穷。例如，操作系统是个程序，这个程序永远不会终止。在本书中，只讨论满足动态有穷的程序，因此“算法”和“程序”是通用的。

1.5.2 算法的描述

一个算法可以用自然语言、数字语言或约定的符号来描述，也可以用计算机高级程序语言来描述，如C语言、C#语言或伪代码等。本书选用C#语言作为描述算法的工具。现简单说明C#语言的语法结构如下：

1. 预定义常量和类型

```
const int a =100;//This value cannot be changed
```

2. 变量

在C#中声明变量使用下述语法：

```
datatype identifier;
```

例如：

```
int i;
```

该语句声明int变量i。编译器不会让我们使用这个变量，除非我们用一个值初始化了该变量。

声明i之后，就可以使用赋值运算符（=）给它分配一个值：

```
i =10;
```

还可以在一行代码中声明变量，并初始化它的值：

```
int i =10;
```

其语法与C ++和Java语法相同，但与Visual Basic中声明变量的语法完全不同。如果用户以前使用的是Visual Basic 6，应记住C#不区分对象和简单的类型，所以不需要类似Set的关键字，即使是要把变量指向一个对象，也不需要Set关键字。无论变量的数据类型是什么，声明变量的C#语法都是相同的。

如果在一个语句中声明和初始化了多个变量，那么所有的变量都具有相同的数据类型：

```
int x =10,y =20;    //x and y are both ints
```

要声明类型不同的变量，需要使用单独的语句。在多个变量的声明中，不能指定不同的数据类型：

```
int x =10;
bool y =true;        //Creates a variable that stores true or false
int x =10,bool y =true;    //This won't compile!
```

注意上面例子中的//和其后的文本，它们是注释。//字符串告诉编译器，忽略其后的文本，这些文本仅为了让人们更好地理解程序，它们并不是程序的一部分。本章后面会详细讨论代码中的注释。

3. 赋值语句

简单赋值：〈变量名〉 = 〈表达式〉，它表示将表达式的值赋给左边的变量；
〈变量〉 ++，它表示使用变量的当前值以后，把变量值加 1 再赋值给变量；
++ 〈变量〉，它表示先把变量值加 1 赋值给变量，然后使用变量的新值；
〈变量〉 --，它表示使用变量的当前值以后，把变量值减 1 再赋值给变量；
-- 〈变量〉，它表示先把变量值减 1 赋值给变量，然后使用变量的新值。

串联赋值：〈变量 1〉 = 〈变量 2〉 = 〈变量 3〉 =…= 〈变量 k〉 = 〈表达式〉。

成组赋值：(〈变量 1〉，〈变量 2〉，〈变量 3〉，…，〈变量 k〉) = (〈表达式 1〉，〈表达式 2〉，〈表达式 3〉，…，〈表达式 k〉)；
〈数组名 1〉[下标 1…下标 2] = 〈数组名 2〉[下标 1…下标 2]。

条件赋值：〈变量名〉 = 〈条件表达式〉?〈表达式 1〉:〈表达式 2〉。

交换赋值：〈变量 1〉 ←→ 〈变量 2〉，表示变量 1 和变量 2 互换。

4. 条件选择语句

```
if(〈表达式〉)  语句;
if(〈表达式〉)  语句 1;
else 语句 2;
```

情况语句：

```
switch (〈表达式〉)
{  case  判断值 1:
          语句组 1;
          break;
   case  判断值 2:
          语句组 2;
          break;
          …
   case  判断值 n:
          语句组 n;
          break;
  [default:语句组;
            break;]
}
```

switch case 语句是先计算表达式的值，然后用其值与判断值相比较，若它们相一致，就执行相应的 case 下的语句组；若不一致，则执行 default 下的语句组，或直接执行 switch 语句的后继语句（如果 default 部分未出现的话）。其中的方括号代表可选项。

5. 循环语句

（1）for 语句

```
for (〈表达式 1〉;〈表达式 2〉;〈表达式 3〉)
{循环体语句;}
```

首先计算表达式 1 的值，然后求表达式 2 的值，若结果非零，则执行循环体语句，最后对表达式 3 运算。如此循环，直到表达式 2 的值为零时止。

（2）while 语句

```
while(〈条件表达式〉)
  {循环体语句;
     }
```

while 循环首先计算条件表达式的值，若条件表达式的值非零，则执行循环体语句，然后再次计算条件表达式。重复执行，直到条件表达式的值为假时退出循环，执行该循环之后的语句。

（3）do－while 语句

```
do { 循环体语句;
        }while(〈条件表达式〉)
```

该循环语句首先执行循环体语句，然后再计算条件表达式的值，若条件表达式成立，则再次执行循环体语句，再计算条件表达式的值，直到条件表达式的值为零，即条件不成立时结束循环。

6. 输入、输出语句

要从控制台窗口中读取一行文本，可以使用 Console. ReadLine( ) 方法，它会从控制台窗口中读取一个输入流（在用户按下回车键时停止），并返回输入的字符串。写入控制台也有两个对应的方法，前面已经使用过它们：

- Console. Write( )方法将指定的值写入控制台窗口。
- Console. Write Line( )方法与 Console. Write( )方法类似，但在输出结果的最后添加一个换行符。

所有预定义类型（包括 object）都有这些函数的各种形式（重载），所以在大多数情况下，在显示值之前不必把它们转换为字符串。

例如，下面的代码允许用户输入一行文本，并显示该文本：

```
string s = Console.ReadLine();
Console.WriteLine(s);
```

Console. WriteLine( ) 还允许用与 C 的 printf( ) 函数类似的方式显示格式化的结果。要以这种方式使用 WriteLine( )，应传入许多参数。第一个参数是花括号中包含标记的字符串，在这个花括号中，要把后续的参数插入文本中。每个标记都包含一个基于 0 的索引，表示列表中参数的序号。例如，{0} 表示列表中的第一个参数，所以下面的代码：

```
int i =10;
int j =20;
Console.WriteLine("{0}plus {1}equals {2}",i,j,i +j);
```

会显示：

```
10 plus 20 equals 30
```

也可以为值指定宽度，调整文本在该宽度中的位置，正值表示右对齐，负值表示左对齐。为此，可以使用格式 {n, w}，其中 n 是参数索引，w 是宽度值。

```
int i =940;
int j =73;
Console.WriteLine(" {0,4} \n +{1,4} \n ---- \n {2,4}",i,j,i +j);
```

结果如下：

```
    940
 +  73

1013
```

7. 其他一些语句

(1) goto 语句

goto 语句可以直接跳转到程序中用标签指定的另一行（标签是一个标识符，后跟一个冒号）：

```
goto Label1;
Console.WriteLine("This won't be executed");
Label1:
Console.WriteLine("Continuing execution from here");
```

goto 语句有两个限制。不能跳转到像 for 循环这样的代码块中，也不能跳出类的范围，不能退出 try…catch 块后面的 finally 块。

goto 语句的名声不太好，在大多数情况下不允许使用它。一般情况下，使用它肯定不是面向对象编程的好方式。但是有一个地方使用它是相当方便的——在 switch 语句的 case 子句之间跳转，这是因为 C#的 switch 语句在故障处理方面非常严格。前面介绍了其语法。

(2) break 语句

前面简要提到过 break 语句——在 switch 语句中使用它退出某个 case 语句。实际上，break 也可以用于退出 for、foreach、while 或 do…while 循环，该语句会使控制流执行循环后面的语句。

如果该语句放在嵌套的循环中，就执行最内部循环后面的语句。如果 break 放在 switch 语句或循环外部，就会产生编译错误。

（3）continue 语句

continue 语句类似于 break 语句，也必须在 for、foreach、while 或 do…while 循环中使用。但它只退出循环的当前迭代，开始执行循环的下一次迭代，而不是退出循环。

（4）return 语句

return 语句用于退出类的方法，把控制权返回方法的调用者，如果方法有返回类型，return 语句必须返回这个类型的值；如果方法没有返回类型，应使用没有表达式的 return 语句。

8. 注释形式

C#使用传统的 C 风格注释方式：单行注释使用//…，多行注释使用/*…*/：

```
//This is a single-line comment
/*This comment
spans multiple lines */
```

单行注释中的任何内容，即//后面的内容都会被编译器忽略。多行注释中/*和*/之间的所有内容也会被忽略。显然不能在多行注释中包含*/组合，因为这会被当作注释的结尾。

实际上，可以把多行注释放在一行代码中：

```
Console.WriteLine(/*Here's a comment! */"This will compile");
```

像这样的内联注释在使用时应小心，因为它们会使代码难以理解。但这样的注释在调试时是非常有用的，例如，在运行代码时要临时使用另一个值：

```
DoSomething(Width,/*Height*/100);
```

当然，字符串字面值中的注释字符会按照一般的字符来处理：

```
string s = "/* This is just a normal string */";
```

例：计算 f=1!+2!+3!+…+n!，用 C#语言描述。

```
using System;
namespace csharpconsole
{
    class Program
    {
        static long fac(int n)
        {
            if(n <=1)return 1;
            return n*fac(n-1);
        }

        static void Main(string[]args)
```

```
        {
            long sum =0;
            for(int i =1; i <=n; i ++)
            {
                sum + =fac(i);
            }
            Console.WriteLine(string.Format("和是{0}",sum));
            Console.ReadKey();
        }
    }
}
```

上述算法所用到的运算有乘法、加法、赋值和比较，其基本运算为乘法操作。在上述算法的执行过程中，对外循环变量i的每次取值，内循环变量j循环i次。因为内循环每执行一次，内循环体语句 w = w * j 只做一次乘法操作，即当内循环变量j循环i次时，内循环体的语句 w = w * j 做i次乘法。所以，整个算法所做的乘法操作总数是：$f(n) = 1 + 2 + 3 + \cdots + n = n(n-1)/2$。

1.5.3 算法评价

对于数据的任何一种运算，如果数据的存储结构不同，则其算法描述一般也是不相同的，即使在存储结构相同的情况下，由于可以采用不同的求解策略，往往也可以有许多不同的算法。进行算法评价的目的，既在于在解决同一问题的不同算法中选择出较为合适的一种，也在于知道如何对现有的算法进行改进，从而设计出更好的算法。评价一个算法的准则很多，例如，算法是否正确，是否易于理解、易于编码、易于测试以及算法是否节省时间和空间等。那么，如何选择一个好的算法呢？

通常设计一个好的算法应考虑以下几个方面：

1. 正确性

正确性是设计和评价算法的首要条件，如果一个算法不正确，其他方面就无从谈起。一个正确的算法是指在合理的数据输入下，能在有限的运行时间内得出正确的结果。通过对数据输入的所有可能的分析和上机调试，可以证明算法是否正确。当然，要从理论上证明一个算法的正确性，并不是一件容易的事。

“正确”的含义在通常的用法中有很大的差别，大体可分为以下四个层次：

①程序不含语法错误；

②程序对于几组输入数据能够得出满足规格说明要求的结果；

③程序对于精心选择的典型、苛刻而带有刁难性的几组数据能够得出满足规格说明要求的结果；

④程序对一切合法的输入数据都能产生满足规格说明要求的结果。

显然，达到第④层意义下的正确是极为困难的，所有不同输入数据的数量大得惊人，逐一验证是不现实的。对于大型软件，需要进行专业测试，而一般情况下，通常以第③层的正确与否作为衡量一个程序是否合格的标准。

2. 运行时间

运行时间是指一个算法在计算机上运算所花费的时间。它大致等于计算机执行一种简单操作（如赋值操作、转向操作、比较操作等）所需要的时间与算法中进行简单操作次数的乘积。因为执行一种简单操作所需的时间随机器而异，它是由机器本身硬软件环境决定的，与算法无关，所以我们只讨论影响运行时间的另一因素——算法中进行简单操作的次数。

显然，在一个算法中，进行简单操作的次数越少，其运行时间也就相对地越少；进行简单操作的次数越多，其运行时间也就相对地越多。因此，通常把算法中包含简单操作次数的多少叫作算法的时间复杂性，它是一个算法运行时间的相对量度。

3. 占用的存储空间

一个算法在计算机存储器上所占用的存储空间，包括存储算法本身所占用的存储空间，算法的输入、输出数据所占用的存储空间和算法运行过程中临时占用的存储空间这三个方面。算法的输入、输出数据所占用的存储空间是由要解决的问题所决定的，它不随算法的不同而改变。存储算法本身所占用的存储空间与算法书写的长短成正比，要压缩这方面的存储空间，就必须编写出较短的算法。算法运行过程中临时占用的存储空间随算法的不同而异，有的算法只需要占用少量的临时工作单元，而且不随问题规模的大小而改变，我们称这种算法是“就地”进行的，是节省存储的算法；有的算法需要占用的临时工作单元数同问题的规模 n 成正比，当 n 较大时，将占用较多的存储单元，浪费存储空间。

分析一个算法所占用的存储空间要从各方面综合考虑。如对于递归算法来说，一般都比较简短，算法本身所占用的存储空间较少，但运行时需要一个附加堆栈，从而占用较多的临时工作单元；若写成非递归算法，一般可能比较长，算法本身占用的存储空间较长，但运行时将需要较少的存储单元。

算法在运行过程中所占用的存储空间的大小被定义为算法的空间复杂性。算法的空间复杂性比较容易计算，它包括局部变量（即在本算法中说明的变量）所占用的存储空间和系统为了实现递归（如果是递归算法的话）所使用的堆栈这两个部分。算法的空间复杂性一般也以数量级的形式给出。

4. 简单性

最简单和最直接的算法往往不是最有效的，但算法的简单性使得证明其正确性比较容易，同时便于编写、修改、阅读和调试，所以还是应当强调和不容忽视的。不过对于那些需要经常使用的算法来说，高效率（即尽量减少运行时间和压缩存储空间）比简单性更为重要。

上面讨论了如何从四个方面来评价一个算法的问题。这里还需要指出，除了算法的正确性之外，其余三个方面往往是相互矛盾的。如当追求较短的运行时间时，可能带来占用较多的存储空间和较繁的算法；当追求占用较少的存储空间时，可能带来较长的运行时间和较繁的算法；当追求算法的简单性时，可能带来较长的运行时间和占用较多的存储空间。所以，在设计一个算法时，要从这三个方面综合考虑，还要考虑到算法的使用频率、算法的结构化和易读性以及所使用机器的硬软件环境等因素，才能设计出比较好的算法。

1.6　实训项目——九九乘法表

【实训】九九乘法表

1. 实训说明

构造一个乘法口诀表，要求按倒三角形式输出。

2. 程序分析

构造一个倒三角乘法口诀表，关键是要分析清楚行列的变化，以及行列之间的关系。设置变量 row 代表行，column 代表列，观察行列的变化，从中找到规律。

```
Row                     column
1.1   第 1 行打印 1 列   1 * 1 = 1
2.2   第 2 行打印 2 列   2 * 1 = 2   2 * 2 = 4
3.3   第 3 行打印 3 列   3 * 1 = 3   3 * 2 = 6   3 * 3 = 9
…         …               …
```

依此类推，第 9 行打印 9 列。可见是第几行就打印几列，也就是说，打印的列数与行号是一致的。由于在该口诀表中存在行的变化（从 1 ~ 9），也存在列的变化（从 1 到该行行号），所以需要采用两重循环实现。

根据分析，设定整型变量 row 表示行，column 表示列。

3. 程序源代码

该实例程序的源代码如下：

```
using System;
namespace csharpconsole
{
    classFun
    {
      static void Main(string[]args)
          {
              int row,column;
              for(row =1; row  <=9; row ++)
              {
                  for(column =1;column <= row;column ++)
                   {
                          Console.WriteLine(column + " * " +row + "
                          = " +column * row);
                          Console.WriteLine(" ");
                   }
              Console.WriteLine(" ");
              }
          }
    }
}
```

最后程序运行结果如下所示：

```
1*1=1
2*1=2  2*2=4
3*1=3  3*2=6  3*3=9
4*1=4  4*2=8  4*3=12  4*4=16
5*1=5  5*2=10  5*3=15  5*4=20  5*5=25
6*1=6  6*2=12  6*3=18  6*4=24  6*5=30  6*6=36
7*1=7  7*2=14  7*3=21  7*4=28  7*5=35  7*6=42  7*7=49
8*1=8  8*2=16  8*3=24  8*4=32  8*5=40  8*6=48  8*7=56  8*8=64
9*1=9  9*2=18  9*3=27  9*4=36  9*5=45  9*6=54  9*7=63  9*8=72  9*9=81
```

本章小结

本章主要介绍了以下一些基本概念：

数据结构：数据结构是研究数据元素（Data Element）之间抽象化的相互关系和这种关系在计算机中的存储表示（即所谓数据的逻辑结构和物理结构），并对这种结构定义相适应的运算，设计出相应的算法，而且确保经过这些运算后所得到的新结构仍然是原来的结构类型。

数据：数据是人们利用文字符号、数字符号以及其他规定的符号对现实世界的事物及其活动所做的描述。在计算机科学中，数据的含义非常广泛，人们把一切能够输入计算机中并被计算机程序处理的信息，包括文字、表格、声音、图像等，都称为数据。

结点：结点也叫数据元素，它是组成数据的基本单位。

逻辑结构：结点和结点之间的逻辑关系称为数据的逻辑结构。

存储结构：数据及数据之间的关系在计算机中的存储表示称为数据的存储结构。

数据处理：数据处理是指对数据进行查找、插入、删除、合并、排序、统计以及简单计算等的操作过程。

数据类型：数据类型是指程序设计语言中各变量可取的数据种类。数据类型是高级程序设计语言中的一个基本概念，它和数据结构的概念密切相关。

除上述基本概念以外，还应该了解算法是执行特定计算的有穷过程（这个过程应有五个特点），掌握算法描述的方法及如何评价一个算法。

习　题

1. 简述下列术语：数据、结点、逻辑结构、存储结构、数据处理、数据结构和数据类型。

2. 试根据以下信息：校友姓名、性别、出生年月、毕业时间、所学专业、现在工作单位、职称、职务、电话等，为校友录构造一种适当的数据结构（作图示意），并定义必要的运算和用文字叙述相应的算法思想。

3. 什么是算法？算法的主要特点是什么？

4. 如何评价一个算法？

第2章　线　性　表

本章学习导读

线性表（Linear List）是最简单且最常用的一种数据结构。这种结构具有下列特点：存在唯一的没有前驱的（头）数据元素；存在唯一的没有后继的（尾）数据元素；此外，每一个数据元素均有一个直接前驱和一个直接后继数据元素。通过本章的学习，读者应能掌握线性表的逻辑结构和存储结构，以及线性表的基本运算及实现算法。

2.1　线性表的逻辑结构

线性表是由 n（n≥0）个类型相同的数据元素组成的有限序列，通常表示成下列形式：

$$L=(a_0,a_1,\cdots,a_{i-1},a_i,a_{i+1},\cdots,a_{n-1})$$

其中，L 为线性表名称；a_i为组成该线性表的数据元素。

线性表中数据元素的个数被称为线性表的长度，当 n=0 时，线性表为空，又称为空线性表。

数据元素的含义广泛，在不同的具体情况下，可以有不同的含义。

例如：英文字母表(A,B,C,…,Z)是一个长度为 26 的线性表，其中每个数据元素为一个字母。

再如，某公司2000 年每月产值表(400,420,500,…,600,650)（单位：万元）是一个长度为 12 的线性表，其中每个数据元素为整数。

上述两例中的每一个数据元素都是不可分割的，在一些复杂的线性表中，每一个数据元素又可以由若干个数据项组成，在这种情况下，通常将数据元素称为记录（record）。

例如：表 2-1 的某一个学校的学生健康情况登记表就是一个线性表，表中每一个学生的健康情况就是一个记录，每个记录包含八个数据项：学号、姓名、性别等。

表 2-1　学生健康情况登记表

学号	姓名	性别	年龄	生日	身高	班级	健康情况
12001	林星	男	18	1995-11	180	计1	健康
12002	张媛	女	19	1996-02	168	计2	一般
12003	刘力	男	19	1994-10	189	计3	健康
12004	黄觉	女	18	1995-03	165	计4	神经衰弱
⋮	⋮	⋮	⋮	⋮	⋮	⋮	⋮

矩阵也是一个线性表，但它是一个比较复杂的线性表。在矩阵中，我们可以把每行看成一个数据元素，也可以把每列看成一个数据元素，而其中的每一个数据元素又是一个线性表。

综上所述，设有一个线性表，它是 $n(n\geqslant 0)$ 个数据元素($a_0,a_1,\cdots,a_{i-1},a_i,a_{i+1},\cdots,a_{n-1}$)的有限序列。则：

①a_0 称为表头（或称头结点），a_{n-1}称为表尾（或称尾结点）。

②除开 a_0 和 a_{n-1}外，$a_i(0<i<n-1)$为线性表的第 i 个数据元素，它在数据元素 a_{i-1}之后，在数据元素 a_{i+1}之前。

③若 $n=0$，则为一个空表，表示无数据元素。

抽象数据类型线性表的定义如下：

```
LinearList = (D,R)
```

其中，$D=\{a_i \mid a_i\in ElemSet, i=0,1,2,\cdots,n-1(n\geqslant 1)\}$，ElemSet 为某一数据类型的对象集，n 为线性表的长度；

$R=\{<a_{i-1},a_i> \mid a_{i-1},a_i\in D, i=0,1,2,\cdots,n-1\}$。

线性表的主要操作有如下几种：

①Initiate(L)　初始化：构造一个空的线性表 L。

②GetLength(L)　求长度：对给定的线性表 L，返回线性表 L 的数据元素的个数。

③Delete(L,i)　删除：在给定的线性表 L 中，若 $0\leqslant i\leqslant Length(L)-1$，删除第 i 个元素。

④Insert(L,i,x)　插入：在给定的线性表 L 中，若 $0\leqslant i\leqslant Length(L)$，在第 i 个位置上插入数据元素 x。

⑤Append(L,i)　附加操作：对给定的线性表 L 未满的情况下，在表的末端添加一个新元素，然后使顺序表的 last 加 1。

⑥IsFull(L)　判定空表：若 L 为空表，则返回值为 1，表示为“真”，否则返回 0，表示为“假”。

⑦IsEmpty(L)　判定空表：若 L 为空表，则返回值为 1，表示为“真”，否则返回 0，表示为“假”。

⑧Clear(L)　表置空：将已知的线性表 L 置为空表。

上面定义了线性表的逻辑结构和基本操作。在计算机内，线性表有两种基本的存储结构：顺序存储结构和链式存储结构。下面分别讨论这两种存储结构以及对应存储结构下实现各操作的算法。

2.2 线性表的顺序存储结构

线性表在计算机中内可以有不同的存储方式，最简单、最常用的方式就是顺序存储，即在计算机中用一组地址连续的存储单元依次存储线性表的各个数据元素，这种存储方式的线性表也被称作为顺序表。

2.2.1　线性表的顺序存储结构

在线性表的顺序存储结构中，其前后两个元素在存储空间中是紧邻的，且前驱元素一定存储在后继元素的前面。由于线性表的所有数据元素属于同一数据类型，所以每个元素在存储器中占用的空间大小相同，因此，要在该线性表中查找某一个元素是很方便的。

假设线性表中的第一个数据元素的存储地址为 $Loc(a_0)$，每一个数据元素占 d 字节，则线性表中第 i 个元素 a_i 在计算机存储空间中的存储地址为：

$$Loc(a_i) = Loc(a_0) + i * d$$

线性表的顺序存储结构的特点是：

线性表中逻辑上相邻的结点在存储结构中也相邻，如图 2－1 所示。只要确定了线性表存储的起始位置，就可以随机存取表中任一数据元素。所以，线性表的顺序存储结构是一种随机存取的存储结构。

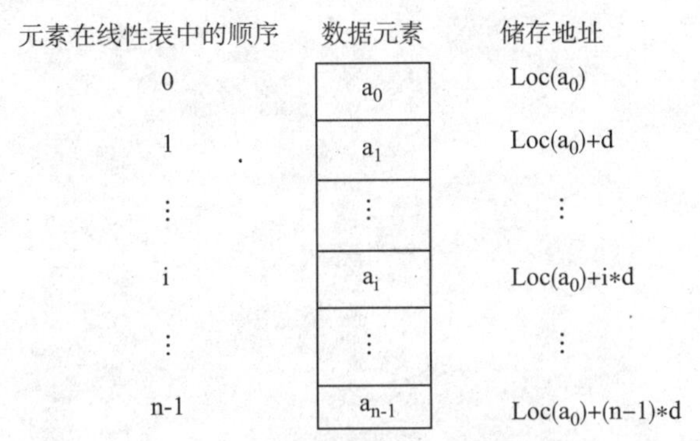

图 2－1　线性表的顺序存储结构示意图

2.2.2　线性表在顺序存储结构下的运算

顺序表类 SeqList <T> 的实现说明如下所示。

```
public class SeqList <T>: IListDS <T>
{
    private int maxsize; //顺序表的容量
    private T[]data; //数组,用于存储顺序表中的数据元素
    private int last; //指示顺序表最后一个元素的位置
    //索引器
    public T this[int index]
    {
        get
        {
            return data[index];
        }
        set
```

```
            }
                data[index] = value;
            }
    }
    //最后一个数据元素位置属性
    public int Last
    {
        get
        {
      return last;
            }
        }
//容量属性
    public int Maxsize
    {
        get
        {
            returnmaxsize;
        }
        set
        {
            maxsize = value;
        }
    }
    //构造器
    public SeqList(int size)
    {
        data = new T[size];
        maxsize = size;
        last = -1;
    }
    }
```

1. 顺序表的插入操作

顺序表的插入是指在顺序表的第 i 个位置插入一个值为 item 的新元素，插入后使原表长为 n 的表$(a_1, a_2, \cdots, a_{i-1}, a_i, a_{i+1}, \cdots, a_n)$成为表长为 n+1 的表$(a_1, a_2, \cdots, a_{i-1}, item, a_i, a_{i+1}, \cdots, a_n)$。i 的取值范围为 $1 \leq i \leq n+1$，i 为 n+1 时，表示在顺序表的末尾插入数据元素。

顺序表上插入一个数据元素的步骤如下：

①判断顺序表是否已满和插入的位置是否正确，表满或插入的位置不正确不能插入。

②如果表未满和插入的位置正确，则将 $a_n \sim a_i$ 依次向后移动，为新的数据元素空出位置。在算法中用循环来实现。

③将新的数据元素插入空出的第 i 个位置上。

④修改 last（相当于修改表长），使它仍指向顺序表的最后一个数据元素，如图 2-2 所示。

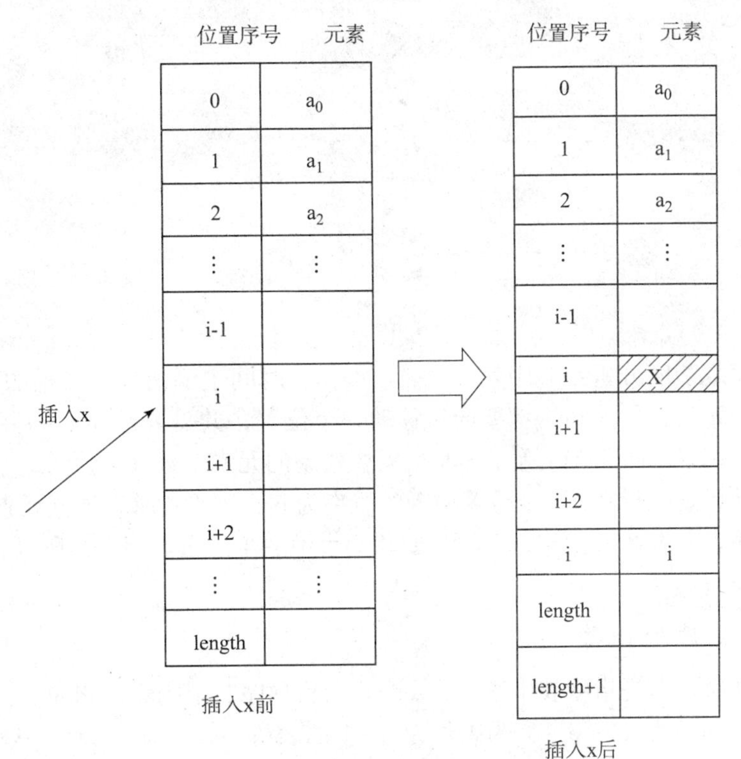

图 2-2　在线性表中插入元素

其算法如下：

【算法 2.1　顺序表的插入】

```
//在顺序表的第 i 个数据元素的位置插入一个数据元素
public void Insert(T item,int i)
{
   if(IsFull())
   {
      Console.WriteLine("List is full");
      return;
   }
   if(i <1 ||i > last +2)
   {
      Console.WriteLine("Position is error!");
      return;
}
   if(i == last +2)
   {
      data[last +1] = item;
```

```
    }
    else
    {
      for(int j = last; j > = i -1; --j)
      {
          data[j +1] = data[j];
      }
    data[i -1] = item;
    }
  ++last;
}
```

算法的时间复杂度分析：顺序表上的插入操作，时间主要消耗在数据的移动上，在第 i 个位置插入一个元素，从 a_i 到 a_n 都要向后移动一个位置，共需要移动 $n-i+1$ 个元素，而 i 的取值范围为 $1\leqslant i\leqslant n+1$，当 i 等于 1 时，需要移动的元素个数最多，为 n 个；当 i 为 $n+1$ 时，不需要移动元素。设在第 i 个位置插入的概率为 p_i，则平均移动数据元素的次数为 n/2。这说明：在顺序表上做插入操作，平均需要移动表中一半的数据元素，所以，插入操作的时间复杂度为 O(n)。

2. 顺序表的删除操作

顺序表的删除操作是指将表中第 i 个数据元素从顺序表中删除，删除后使原表长为 n 的表$(a_1,a_2,\cdots,a_{i-1},a_i,a_{i+1},\cdots,a_n)$变为表长为 $n-1$ 的表$(a_1,a_2,\cdots,a_{i-1},a_{i+1},\cdots,a_n)$。i 的取值范围为 $1\leqslant i\leqslant n$，i 为 n 时，表示删除顺序表末尾的数据元素，如图 2-3 所示。

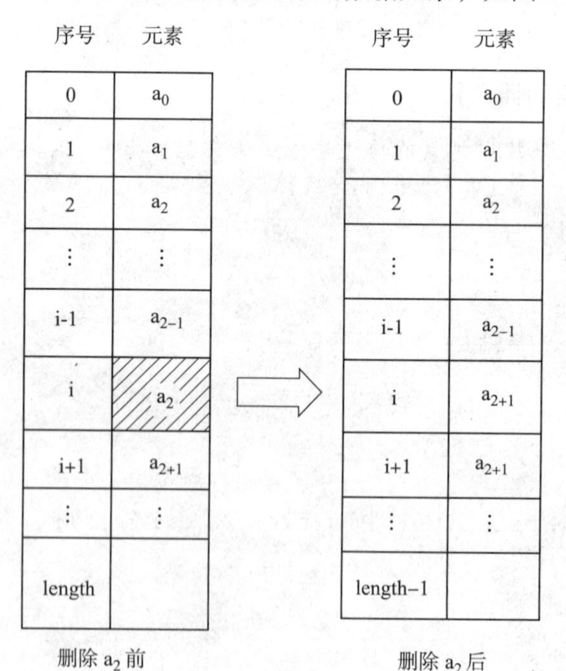

图 2-3 在顺序表中删除元素

其算法如下：

【算法 2.2 顺序表的删除】

```
//删除顺序表的第 i 个数据元素
public T Delete(int i)
{
  T tmp = default(T);
  if(IsEmpty())
  {
    Console.WriteLine("List is empty");
    return tmp;
  }
  if(i <1 ||i > last +1)
  {
    Console.WriteLine("Position is error!");
    return tmp;
  }
  if(i == last +1)
  {
    tmp = data[last --];
  }
  else
  {
    tmp = data[i -1];
    for(int j = i; j <= last; ++j)
    {
    data[j] = data[j +1];
    }
  }
  --last;
  return tmp;
}
```

算法的时间复杂度分析：顺序表上的删除操作与插入操作一样，时间主要消耗在数据的移动上。在第 i 个位置删除一个元素，从 a_{i+1} 到 a_n 都要向前移动一个位置，共需要移动 n－i 个元素，而 i 的取值范围为 $1 \leqslant i \leqslant n$，当 i 等于 1 时，需要移动的元素个数最多，为 n－1 个；当 i 为 n 时，不需要移动元素。设在第 i 个位置做删除的概率为 p_i，则平均移动数据元素的次数为（n－1)/2。这说明在顺序表上做删除操作平均需要移动表中一半的数据元素，所以，删除操作的时间复杂度为 O(n)。

从上述两个算法来看，很显然，在线性表的顺序存储结构中插入或删除一个数据元素时，其时间主要耗费在移动数据元素上。而移动元素的次数取决于插入或删除元素的位置。

假设 p_i 是在第 i 个元素之前插入一个元素的概率，则在长度为 n 的线性表中插入一个元素时所需移动元素的平均次数为：

$$E_{ins} = \sum_{i=0}^{n} p_i(n-i)$$

假设 q_i 是删除第 i 个元素的概率，则在长度为 n 的线性表中删除一个元素时所需移动元素的平均次数为：

$$E_{del} = \sum_{i=0}^{n-1} q_i(n-i-1)$$

如果在线性表的任何位置插入或删除元素的概率相等，即

$$p_i = \frac{1}{n+1}, \qquad q_i = \frac{1}{n}$$

则

$$E_{ins} = \frac{1}{n+1}\sum_{i=0}^{n}(n-i) = \frac{n}{2}, \qquad E_{del} = \frac{1}{n}\sum_{i=0}^{n-1}(n-i-1) = \frac{n-1}{2}$$

（1）求顺序表的长度

由于数组是 0 基数组，即数组的最小索引为 0，所以，顺序表的长度就是数组中最后一个元素的索引 last 加 1。

求顺序表长度的算法实现如下：

```
public int GetLength()
{
  return last +1;
}
```

（2）清空操作

清除顺序表中的数据元素是使顺序表为空，此时，last 等于 -1。

清空顺序表的算法实现如下：

```
public void Clear()
{
  last = -1;
}
```

（3）判断线性表是否为空

如果顺序表的 last 为 -1，则顺序表为空，返回 true，否则返回 false。

判断线性表是否为空的算法实现如下：

```
public bool IsEmpty()
{
  if(last == -1)
  {
        return true;
```

```
    }
    else
    {
        return false;
    }
}
```

（4）判断顺序表是否为满

如果顺序表为满，last 等于 maxsize－1，则返回 true，否则返回 false。

判断顺序表是否为满的算法实现如下：

```
public bool IsFull()
{
    if(last ==maxsize -1)
    {
        return true;
    }
    else
    {
        return false;
    }
}
```

（5）附加操作

附加操作是在顺序表未满的情况下，在表的末端添加一个新元素，然后使顺序表的 last 加 1。

附加操作的算法实现如下：

```
public void Append(T item)
{
    if(IsFull())
    {
        Console.WriteLine("List is full");
        return;
    }
    data[ ++last] = item;
}
```

3. 顺序表存储结构的特点

线性表的顺序存储结构中任意数据元素的存储地址可由公式直接导出，因此顺序存储结构的线性表可以随机存取其中的任意元素。

但是，顺序存储结构也有一些不足之处，主要表现在：

①数据元素最大个数需预先确定，使高级程序设计语言编译系统需预先分配相应的存储空间。

②插入与删除运算的效率很低。为了保持线性表中的数据元素的顺序，在插入操作和删除操作时需移动大量数据。对于插入或删除操作很频繁的线性表来说，若线性表的数据元素所占字节较多，这些操作将影响系统的运行速度。

③顺序存储结构的线性表的存储空间不便于扩充。当一个线性表分配顺序存储空间后，如果线性表的存储空间已满，但还需要插入新的元素，则会发生“上溢”错误。在这种情况下，如果在原线性表的存储空间后找不到与之连续的可用空间，则会导致运算的失败或中断。

2.3 线性表的链式存储结构

从线性表的顺序存储结构的讨论中可知，对于大的线性表，特别是元素变动频繁的大线性表，不宜采用顺序存储结构，而应采用本节要介绍的链式存储结构。

线性表的链式存储结构就是用一组任意的存储单元（可以连续，可以是不连续的）存储线性表的数据元素。对线性表中的每一个数据元素，为了表示相邻的数据元素 a_{i-1}、a_i 和 a_{i+1}之间的逻辑关系，对数据元素而言，需用两部分来存储：一部分用于存放数据元素值，称为数据域；另一部分用于存放直接前驱或直接后继结点的地址（指针），称为指针域。这种含有数据域和指针的存储单元称为结点。

在链式存储结构方式下，存储数据元素的结点的存储空间可以不连续，各数据结点的存储顺序与数据元素之间的逻辑关系可以不一致，而数据元素之间的逻辑关系是由指针域来确定的。

链式存储方式可用于表示线性结构，也可用于表示非线性结构。

2.3.1 线性链表

1. 线性链表

线性链表是线性表的链式存储结构，是一种物理存储单元上非连续、非顺序的存储结构，数据元素的逻辑顺序是通过链表中的指针链接次序实现的。因此，在存储线性表中的数据元素时，一方面要存储数据元素的值，另一方面要存储各数据元素之间的逻辑顺序，为此，将每一个存储结点分为两部分：一部分用于存储数据元素的值，称为数据域；另一部分用于存放下一个数据元素的存储结点的地址，即指向后继结点，称为指针域。

这种形式的链表因其只含有一个指针域，又称为单向链表，简称单链表。

图 2－4 给出了线性表 L＝(A,B,C,D,E)的链式存储结构。

从图中可以看出，单向链表的存取必须从头指针 head 开始，头指针 head 指示链表中的第一个结点的存储位置，最后一个结点中的指针域为空（NULL）。在线性表的链式存储结构中，数据元素之间的逻辑关系由结点中的指针表示，因此逻辑上相邻的数据元素其物理的存储位置不必相邻。

头指针 head

9000H

存储地址	数据域	指针域
8000H	D	A000H
890AH	B	90E0H
9000H	A	890AH
90E0H	C	8000H
A000H	E	NULL

图 2－4 单向链表的存储结构示意图

在使用单向链表时，通常只关心线性表中的数据元素之间的逻辑顺序，而不关心它们的实际存储位置，因此，可以在结点之间的用箭头表示指针，把链表画成用箭头相连的结点序列，如图 2－5 所示。

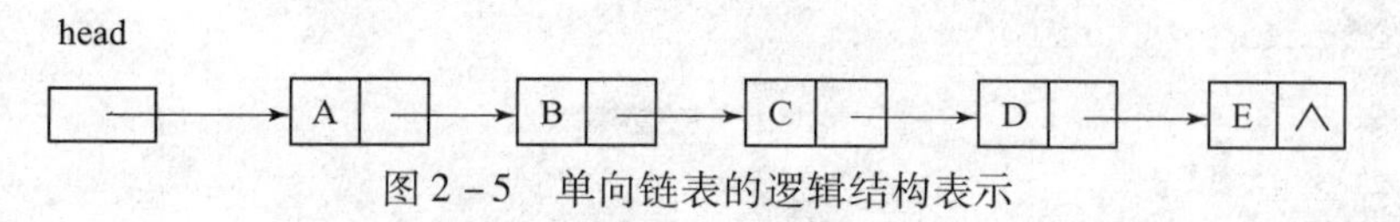

图 2－5 单向链表的逻辑结构表示

一般来说，对一个有 n(n≥0) 个元素的线性表($a_0,a_1,a_2,\cdots,a_{n-1}$)，可以使用如图 2－6 所示的方式来表示。图 2－6（a）所示为一个空线性链表，图 2－6（b）所示为一个非空线性链表。

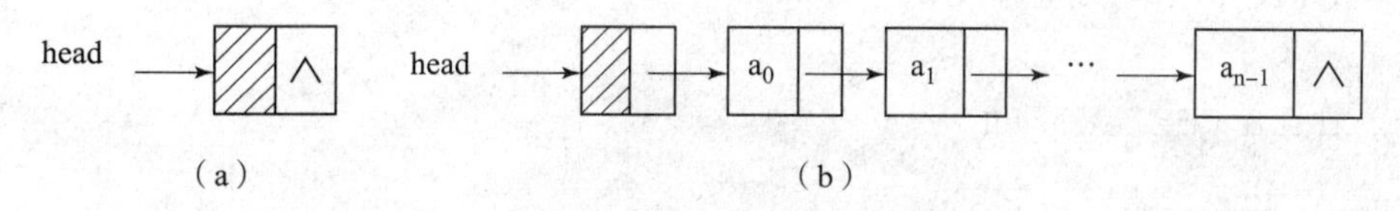

图 2－6 单向链表的一般表示方法

（a）空单向链表；（b）非空单向链表

图 2－6 中，通常在线性链表的第一结点之前附设一个称为头结点的结点。头结点的数据域可以不存放任何数据，也可以存放链表的结点个数的信息。对空线性表，附加头结点的指针域为空（NULL 或 0 表示），用^表示；对非空线性链表，附加头结点的指针域，是一个指向线性表首元素 a_0 的指针。头指针 head 不指向第一个元素 a_0，而指向链表附加的头结点。对于链表的各种操作，必须从头指针开始。

2. 线性链表的基本操作

下面给出的单链表的基本操作实现算法都是以图 2－6 所示的带头结点的单链表为数据结构基础。

单链表结点结构定义为：

```
public class Node<T>
{
   private T data; //数据域
   private Node<T>next; //引用域
   //构造器
   public Node(T val,Node<T>p)
```

```
    {
        data = val;
        next = p;
    }
    //构造器
    public Node(Node<T> p)
    {
        next = p;
    }
    //构造器
    public Node(T val)
    {
        data = val;
        next = null;
    }
    //构造器
    public Node()
    {
        data = default(T);
        next = null;
    }
    //数据域属性
    public T Data
    {
        get
        {
            return data;
        }
        set
        {
            data = value;
        }
    }
    //引用域属性
    public Node<T> Next
    {
        get
        {
```

```
        return next;
      }
      set
      {
        next = value;
      }
    }
  }
```

在单向链表中，每一个元素的存储位置与其他元素没有固定的关系，不能像顺序表中那样可由第一个元素的地址直接计算得到，但是，每个元素的存储位置都包含在其前驱结点的指针域中。若设 p 是指向线性表第 i 个数据元素结点的指针，则 p. next 就是指向第 i + 1 个数据元素结点的指针。而 p. data 存储的是第 i 个数据元素的值，p. next. data 存储的是第 i + 1 个数据元素的值。这样从头结点指针出发，就可以访问到链表中的任何一个元素，因此，单向链表的存储结构是非随机存取的。

单链表类 LinkList <T> 的实现说明如下所示。

```
public class LinkList<T>:IListDS<T>{
private Node<T> head; //单链表的头引用
//头引用属性
public Node<T> Head
{
  get
  {
    return head;
  }
  set
    {
      head = value;
    }
  }
  //构造器
  public LinkList()
  {
      head = null;
  }
}
```

（1）单向链表的插入操作

①已知单向链表 head，在 p 指针所指向的结点后插入一个元素 x。

在一个结点后插入数据元素时，操作较为简单，不用查找便可直接插入。

操作过程如图 2 -7 所示。

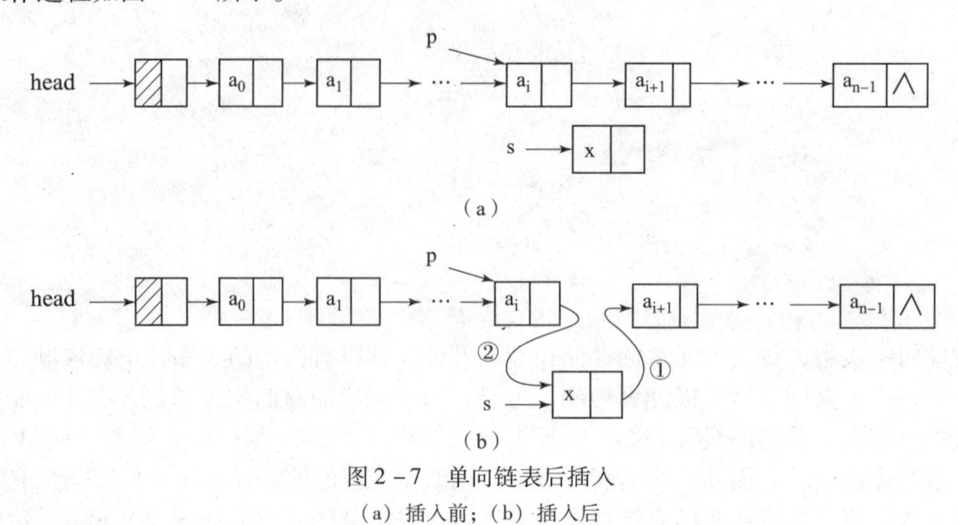

图 2 -7 单向链表后插入

（a）插入前；（b）插入后

相关语句如下：

【算法 2.3 单链表的后插入】

```
public void InsertPost(T item,int i)
{
  if(IsEmpty() ||i <1)
  {
    Console.WriteLine("List is empty or Position is error!");
    return;
  }
  if(i ==1)
  {
    Node <T >q =new Node <T >(item);
    q.Next =head.Next;
    head.Next =q;
    return;
  }
  Node <T >p =head;
  int j =1;
  while(p.Next !=null&& j <i)
  {
    p =p.Next;
    ++j;
  }
  if(j ==i)
```

```
    {
      Node<T>q = new Node<T>(item);
      q.Next = p.Next;
      p.Next = q;
    }
    else
    {
      Console.WriteLine("Position is error!");
    }
}
```

②已知线性链表 head，在 p 指针所指向的结点前插入一个元素 x。

前插时，必须从链表的头结点开始，找到 p 指针所指向的结点的前驱。设一指针 q 从附加头结点开始向后移动进行查找，直到 p 的前驱结点为止。然后在 q 指针所指的结点和 p 指针所指的结点之间插入结点 s。

操作过程如图 2-8 所示。

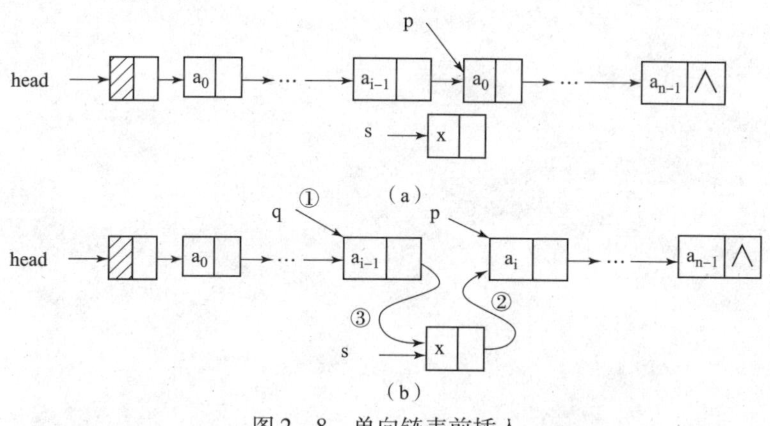

图2-8 单向链表前插入

(a) 插入前；(b) 插入后

相关语句如下：

【算法 2.4 单链表的结点插入】

```
while(p.Next != null&& j<i)
{
r = p;
p = p.Next;
++j;
}
```

③已知线性链表 head，在第 i 数据结点前插入一个元素 x。

在链表的第 i 个数据结点之前插入数据元素 x，需要先找到并指向第 i-1 个结点，用指针 p 指向第 i-1 结点，指针 s 指向新生成的结点，其数据域存储 x。算法描述如下：

【算法 2.5 单链表的前插入】

```
public void Insert(T item,int i)
{
  if(IsEmpty() ||i <1)
  {
    Console.WriteLine("List is empty or Position is error!");
    return;
  }
  if(i ==1)
  {
    Node <T >q =new Node <T >(item);
    q.Next =head;
    head =q;
    return;
  }
  Node <T >p =head;
  Node <T >r =new Node <T >();
  int j =1;
  while(p.Next !=null&& j <i)
  {
    r =p;
    p =p.Next;
    ++j;
  }
  if(j ==i)
  {
    Node <T >q =new Node <T >(item);
    q.Next =p;
    r.Next =q;
  }
  else
  {
    Console.Writeline("Position is error!");
  }
  return;
}
```

算法的时间复杂度分析：从前插和后插运算的算法可知，在第 i 个结点处插入结点的时间主要消耗在查找操作上。由上面几个操作可知，单链表的查找需要从头引用开始，一个结点一个结点遍历，因为单链表的存储空间不是连续的空间。这是单链表的缺点，但却是顺序表的优点。找到目标结点后的插入操作很简单，不需要进行数据元素的移动，因为单链表不需要连续的空间。删除操作也是如此，这是单链表的优点，相反是顺序表的缺点。遍历的结点数最少为 1 个，当 i 等于 1 时，最多为 n，n 为单链表的长度，平均遍历的结点数为 n/2。所以，插入操作的时间复杂度为 O(n)。

因此，线性表的顺序存储和链式存储各有优缺点，线性表如何存储取决于使用的场合。如果不需要经常在线性表中进行插入和删除，只是进行查找，那么，线性表应该顺序存储；如果线性表需要经常插入和删除，而不经常进行查找，则线性表应该链式存储。

（2）单链表的删除操作

单链表的删除操作是指删除第 i 个结点，返回被删除结点的值。删除操作也需要从头引用开始遍历单链表，直到找到第 i 个位置的结点。如果 i 为 1，则要删除第一个结点，需要把该结点的直接后继结点的地址赋给头引用。对于其他结点，由于要删除结点，所以在遍历过程中需要保存被遍历到的结点的直接前驱，找到第 i 个结点后，把该结点的直接后继作为该结点的直接前驱的直接后继。操作过程如图 2－9 所示。

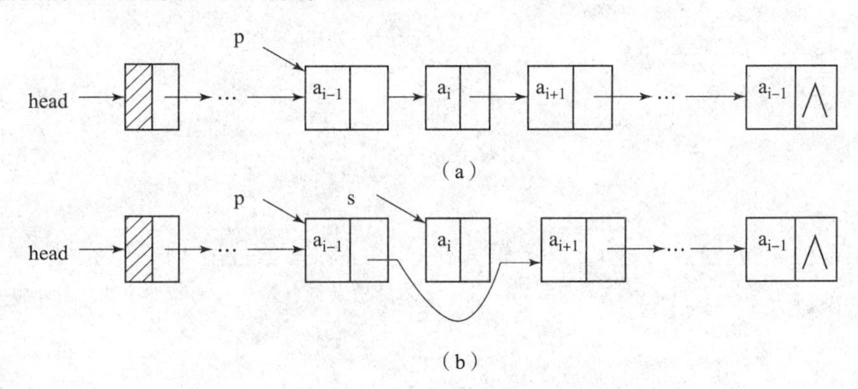

图 2－9 在线性链表中删除一个结点的过程

（a）寻找第 i 个结点的前驱结点（即第 i－1 个结点）的指针 p；（b）删除并释放第 i 个结点

其算法如下：

【算法 2.6 单链表的删除】

```
//删除单链表的第 i 个结点
public T Delete(int i)
{
  if(IsEmpty() ||i <0)
  {
    Console.WriteLine("Link is empty or Position is error!");
    return default(T);
  }
  Node <T >q =new Node <T >();
```

```
    if(i ==1)
    {
      q = head;
      head = head.Next;
      return q.Data;
    }
    Node < T > p = head;
    int j =1;
    while(p.Next ! = null&& j < i)
    {
      ++j;
     q = p;
     p = p.Next;
    }
    if(j == i)
    {
      q.Next = p.Next;
      return p.Data;
    }
    else
    {
     Console.WriteLine("The ith node is not exist!");
     return default(T);
    }
}
```

算法的时间复杂度分析：单链表上的删除操作与插入操作一样，时间主要消耗在结点的遍历上。如果表为空，则不进行遍历。当表非空时，删除第 i 个位置的结点，i 等于 1 遍历的结点数最少（1 个），i 等于 n 遍历的结点数最多（n 个，n 为单链表的长度），平均遍历的结点数为 n/2。所以，删除操作的时间复杂度为 O(n)。

【例】 假设已有线性链表 La =(1，2，3，4，5)，编制算法将该链表逆置，La =(5，4，3，2，1)。

算法思路：

由于单链表的存储空间不是连续的，所以，它的逆置不能像顺序表那样，把第 i 个结点与第 n - i 个结点交换（i 的取值范围是 1 ~ n/2，n 为单链表的长度）。其解决办法是依次取单链表中的每个结点插入新链表中去。并且，为了节省内存资源，把原链表的头结点作为新链表的头结点，如图 2 - 10 所示。

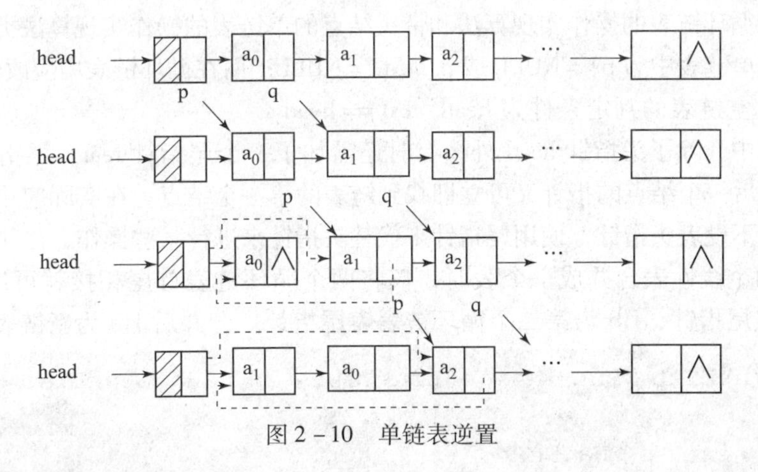

图 2－10　单链表逆置

单链表的逆置的算法实现如下：

```
public void ReversLinkList(LinkList<int>H)
  {
        Node<int>p = H.Next;
        Node<int>q = new Node<int>();
        H.Next = null;
        while(p != null)
        {
            q = p;
            p = p.Next;
            q.Next = H.Next;
            H.Next = q;
        }
}
```

2.3.2　循环链表

循环链表（Circular Linked List）是另一种形式的链式存储结构。是将单链表中最后一个结点指针指向链表的表头结点，整个链表形成一个环，这样从表中任一结点出发都可找到表中其他的结点。图 2－11（a）为带头结点的循环单链表的空表形式，图 2－11（b）为带头结点的循环单链表的一般形式。

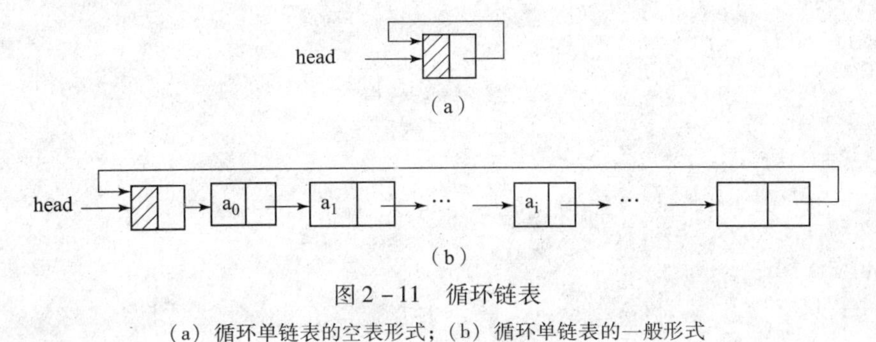

图 2－11　循环链表

（a）循环单链表的空表形式；（b）循环单链表的一般形式

带头结点的循环链表的操作实现算法和带头结点的单链表的操作实现算法类同，差别在于算法中的条件在单链表中为p! = NULL 或 p. next! = NULL；而在循环链表中应改为 p! = head 或 p. next! = head。空链表的判定条件为 head. next == head。

在循环链表中，除了头指针 head 外，有时还需加了一个尾指针 rear，尾指针 rear 指向最后一结点，从最后一个结点的指针又可立即找到链表的第一个结点。在实际应用中，有时只使用表尾指针，而不设表头指针，使用尾指针来代替头指针来进行某些操作，往往更简单。

例如：将两个线性表合并成一个表时，仅将两个循环链表首尾相接就可以了。Ha 为第一个循环链表表尾指针，Hb 为第二个循环链表表尾指针。合并后 Hb 为新链表的尾指针。

```
public LinkList<int>Merge(Linklist<int>Ha,LinkList<int>Hb)
{
    Node<int>p=Ha.Next;
    Node<int>q=Hb.Next;
    Node<int>s=Node<int>();
    Hb=Ha;
    Hb.Next=null;
    while(p!=null && q!=null)
    {
      if(p.Data<q.Data)
      {
        s=p;
        p=p.Next;
        }
      else
      {
        s=q;
        q=q.Next;
      }
    Hb.Append(s);
    }
    if(p==null)
    {
       p=q;
    }
    while(p!=null)
    {
     s=p;
     p=p.Next;
     Hb.Append(s);
    }
  return Hb;
     }
```

如图2－12所示，在这个算法中，由于不需要进行任何查找操作，因此时间复杂度为O(1)。

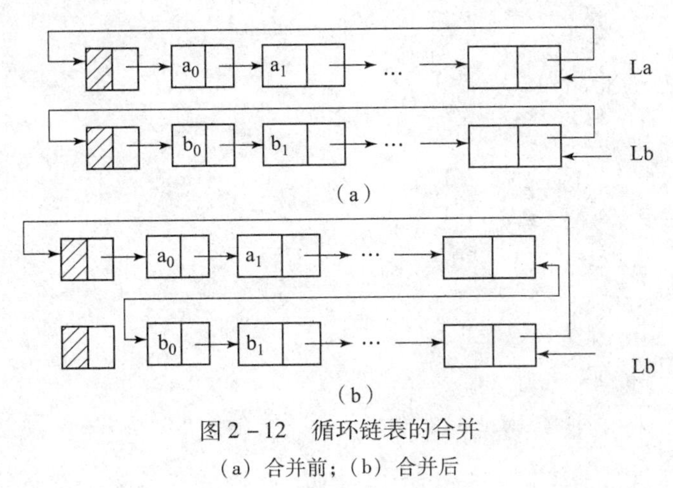

图2－12 循环链表的合并

(a) 合并前；(b) 合并后

2.3.3 双向链表

1. 双向链表

在前面讨论的单链表以及循环链表中，每个结点中只有一个指示后继结点的指针域，因此，从任何一个结点都能通过指针域找到它的后继结点；若需找出该结点的前驱结点，此时就需要从表头出发重新查找。换句话说，在单链表中，查找某结点的后继结点的执行时间为O(1)，而查找其前驱结点的执行时间为O(n)。

为了克服单向链表的这种访问方式的单向性，可构造双向链表，如图2－13所示。在双向链表中，每一个结点除了数据域外，还包含两个指针域：一个指针（next）指向该结点的后继结点，另一个指针（prior）指向它的前驱结点。双向链表结点类的实现如下所示。

```
public class DbNode<T>
{
    private T data; //数据域
    private DbNode<T>prior; //前驱引用域
    private DbNode<T>next; //后继引用域
    //构造器
    public DbNode(T val,DbNode<T>p)
    {
        data=val;
        next=p;
    }
    //构造器
    public DbNode(DbNode<T>p)
    {
```

```
        next = p;
    }
    //构造器
    public DbNode(T val)
    {
        data = val;
        next = null;
    }
    //构造器
    public DbNode()
    {
        data = default(T);
        next = null;
    }
    //数据域属性
    public T Data
    {
        get
        {
            return data;
        }
        set
        {
            data = value;
        }
    }
    //前驱引用域属性
    public DbNode<T> Prior
    {
        get
        {
            return prior;
        }
        set
        {
            prior = value;
        }
    }
```

```
        //后继引用域属性
        public DbNode<T>Next
        {
        get
        {
            return next;
        }
        set
        {
            next=value;
        }
    }
}
```

由于双向链表的结点有两个引用，所以，在双向链表中插入和删除结点比单链表要复杂。

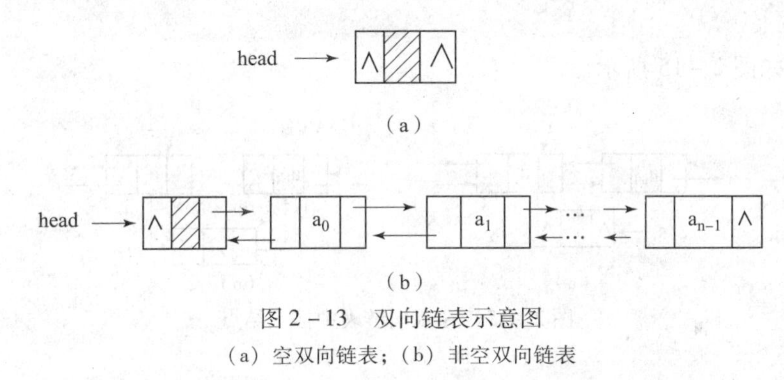

图 2 - 13　双向链表示意图

（a）空双向链表；（b）非空双向链表

和单链的循环表类似，双向链表也可以有循环表。让头结点的前驱指针指向链表的最后的一个结点，让最后一个结点的后继指针指向头结点。图 2 - 14 为循环双向链表示意图，其中图 2 - 14（a）是一个循环双向空链表。

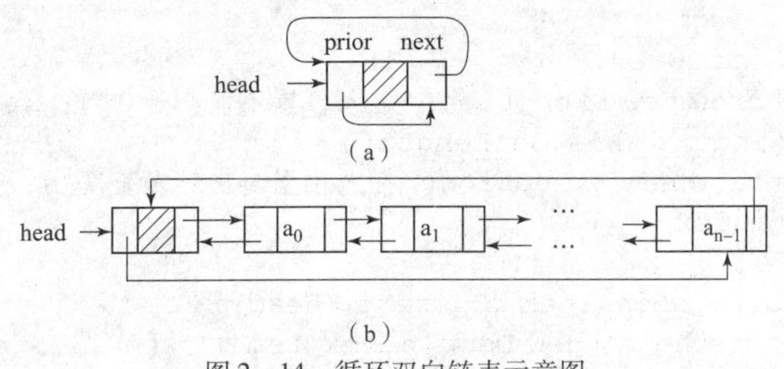

图 2 - 14　循环双向链表示意图

（a）循环双向空链表；（b）非空的循环双向链表

若 p 为指向双向链表中的某一个结点 a_i 的指针，则显然有：

```
p.next.prior == p.prior.next == p
```

在双向链表中，有些操作如求长度、取元素、定位等，因仅需涉及一个方向的指针，故它们的算法与线性单链表的操作相同。但在插入、删除时，则需同时修改两个方向上的指针，两者的操作的时间复杂度均为O(n)。

2. 双向链表的基本操作

(1) 在双向链表中插入一个结点

在双向链表的第i个元素前插入一个新结点时，算法描述为：第一步，找到待插入的位置，用指针p指向该结点（称p结点）；第二步，将新结点的prior指向p结点的前一个结点；第三步，将p结点的前一个结点的next指向新结点；第四步，将新结点的next指向p结点；第五步，将p结点的prior指向新结点。

和p结点的前驱建立关联：

```
s.prior = p.prior;p.prior.next = s;
```

和p结点建立关联：

```
s.next = p;p.prior = s;
```

操作过程如图2-15所示。

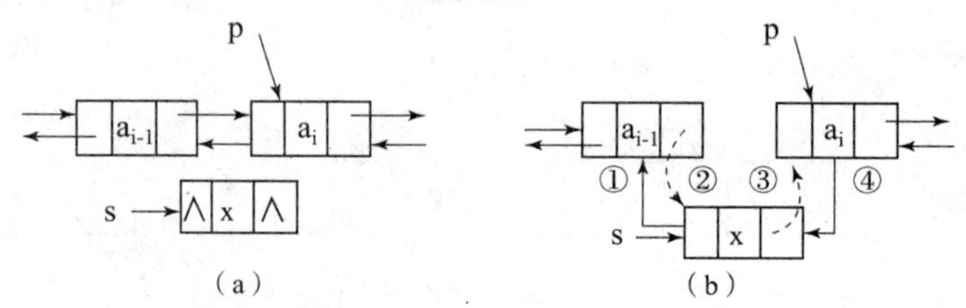

图2-15　在双向链表中插入结点
(a) 插入前；(b) 插入后

其算法如下：

【算法2.7　双向链表的插入】

```
public void Insert(T item,int index)
      {
        if(index < 0)
          throw new Exception("插入位置不能小于0");
        if(index > this.GetLength() + 1)
          throw new Exception("插入位置超出链表长度");
        if(index == 0)
        {
          DoubleLinkItem < T > temp = head;
          this.head = new DoubleLinkItem < T >(null,item,temp);
          return;
        }
        if(index == GetLength())
        {
```

```
            DoubleLinkItem<T>temp = GetListItem(index -1);
            temp.Next = new DoubleLinkItem<T>(temp,item,null);
            return;
          }
        DoubleLinkItem<T>tempPrior = GetListItem(index -1);
        DoubleLinkItem<T>tempNext = GetListItem(index);
         tempPrior.Next = new DoubleLinkItem < T > (tempPrior,item,
tempNext);
      }
```

讨论：在双向链表中进行插入操作时，还需注意下面两种情况：

①当在链表中的第一个结点前插入新结点时，新结点的 prior 应指向头结点，原链表第一个结点的 prior 应指向新结点，新结点的 next 应指向原链表的第一个结点。

②当在链表的最后一个结点后插入新结点时，新结点的 next 应为空，原链表的最后一个结点的 next 应指向新结点，新结点的 prior 应指向原链表的最后一个结点。

（2）在双向链表中删除一个结点

在双向链表中删除一个结点时，可用指针 p 指向该结点（称 p 结点），算法描述为：

第一步，将 p 结点的前一个结点的 next 指向 p 结点的下一个结点，语句描述为：p. prior. next = p. next。

第二步，将 p 结点的下一个结点的 prior 指向 p 结点的上一个结点，语句描述为：p. next. prior = p. prior。如图 2 - 16 所示。

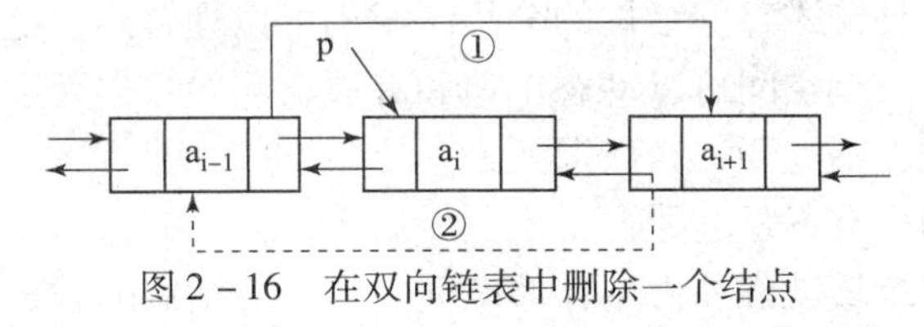

图 2 - 16　在双向链表中删除一个结点

算法如下：

【算法 2.8　双向链表的删除】

```
public void Delete(int index)
      {
        if(index<0)
          throw new Exception("删除位置不能小于0");
        if(index>this.GetLength() -1)
          throw new Exception("插入位置超出链表长度");
        if(index==0)
        {
          this.head = this.head.Next;
        if(! IsEmpty())
          this.head.Prior = null;
```

```
    return;
  }
  if(index == this.GetLength() -1)
  {
    DoubleLinkItem<T> temp = GetListItem(index);
    temp.Prior.Next = null;
    return;
  }
  DoubleLinkItem<T> tempItem = GetListItem(index);
  DoubleLinkItem<T> tempPrior = tempItem.Prior;
  DoubleLinkItem<T> tempNext = tempItem.Next;
  tempPrior.Next = tempNext;
  tempNext.Prior = tempPrior;
}
```

讨论：在双向链表中进行删除操作时，还需注意以下两种情况：

①当删除链表的第一个结点时，应将链表开始结点的指针指向链表的第二个结点，同时，将链表的第二个结点的 prior 指向头结点。

②当删除链表的最后一个结点时，只需将链表的最后一个结点的上一个结点的 next 置为 NULL 即可。

对双向链表的插入和删除都需要寻找第 i 个结点，所以算法的时间复杂度均为 O(n)。

通过对线性表的几种链式存储结构的分析，我们可以理解到，链式存储结构克服了顺序存储结构的缺点：它的结点空间可以动态申请和释放；它的数据元素的逻辑次序靠结点的指针来指示，插入删除操作不需要移动数据元素。

但是链式存储结构也有不足之处：

①每个结点中的指针域需额外占用存储空间。当每个结点的数据域所占字节不多时，指针域所占存储空间的比重就显得很大。

②链式存储结构是一种非随机存取结构。对任一结点的操作都要从头指针开始依靠指针链查找到该结点，这增加了算法的复杂度。

2.4 一元多项式的表示及相加

符号多项式的表示及其操作是线性表处理的典型用例，在数学上，一个一元多项式 $P_n(x)$ 可以表示为：

$$P_n(x) = a_0 + a_1 x + a_2 x^2 + \cdots + a_n x^n \quad (\text{最多有 } n+1 \text{ 项})$$

式中，$a_i x^i$ 是多项式的第 i 项（$0 \leq i \leq n$），其中 a_i 为系数，x 为变量，i 为指数。

它有 n+1 个系数，因此，在计算机里，它可用一个线性表 P 来表示：

$$P = (a_0, a_1, a_2, \cdots, a_n)$$

假设 $Q_m(x)$ 是一元 m 次多项式，同样可用线性表 Q 来示：

$$Q=(b_0,\ b_1,\ b_2,\ \cdots,\ b_m)$$

若 $m<n$，则两个多项式相加的结果 $R_n(x)=P_n(x)+Q_m(x)$ 可用线性表 R 来表示：

$$R=(a_0+b_0,\ a_1+b_1,\ a_2+b_2,\ \cdots,\ a_m+b_m,\ a_{m+1},\ \cdots,\ a_n)$$

可以对 P、Q 和 R 采用顺序存储结构，也可以采用链表存储结构。使用顺序存储结构可以使多项式相加的算法十分简单，但是，当多项式中存在大量的零系数时，这种表示方式就会浪费大量存储空间。为了有效而合理地利用存储空间，可以用链式存储结构来表示多项式。

采用链式存储结构表示多项式时，多项式中每一个非零系数项构成链表中的一个结点，而对于系数为零的项，则不需要存储。

一般情况下，一元多项式（只表示非零系数项）可写成：

$$P_n(x)=a_m x^{e_m}+a_{m-1}x^{e_{m-1}}+\cdots+a_0 x^{e_0}$$

其中 $a_i\neq 0(k=0,\ 1,\ 2,\ \cdots,\ m)$；$e_m>e_{m-1}>\cdots>e_0\geqslant 0$。

因此，采用链表表示多项式时，每个结点的数据域有两项：a_i 表示系数，e_k 表示指数（注意：表示多项式的链表应该是有序链表）。

多项式链表中的每一个非零项结点结构用 C#语言描述如下：

```
public class Polynominal
    {
        int HighPower; //多项式的次数
        double[]CoeffArray = new double[100];
        //数组用来存储多项式的系数,数组的项次表示多项式的次数
    }
```

假设多项式 $A_{17}(x)=8+3x+9x^{10}+5x^{17}$ 与 $B_{10}(x)=8x+14x^7-9x^{10}$ 已经用单链表表示，其头指针分别为 Ah 与 Bh，如图 2－17 所示。

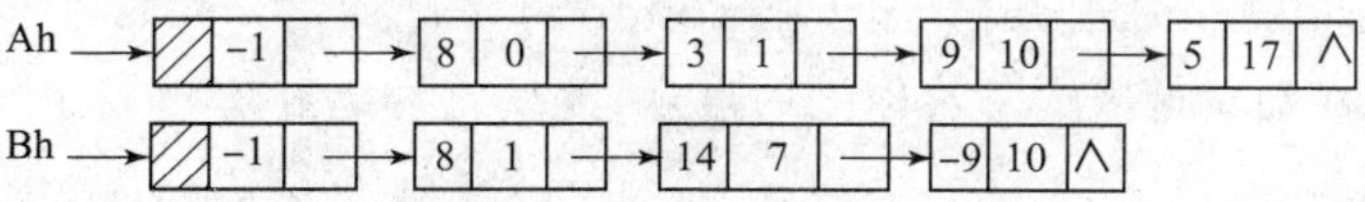

图 2－17　多项式表的单链存储结构

将两个多项式相加为 $C_{17}(x)=8+11x+14x^7+5x^{17}$，其运算规则如下：假设指针 qa 和 qb 分别指向多项式 $A_{17}(x)$ 和多项式 $B_{10}(x)$ 中当前进行比较的某个结点，则比较两个结点的数据域的指数项，有三种情况：

①指针 qa 所指结点的指数值 < 指针 qb 所指结点的指数值时，则保留 qa 指针所指向的结点，qa 指针后移。

②指针 qa 所指结点的指数值 > 指针 qb 所指结点的指数值时，则将 qb 指针所指向的结点插入 qa 所指结点前，qb 指针后移。

③指针 qa 所指结点的指数值 = 指针 qb 所指结点的指数值时，将两个结点中的系数相加，若和不为零，则修改 qa 所指结点的系数值，后移 qa、qb 两个指针，同时释放原 qb 所指结点；反之，从多项式 $A_{17}(x)$ 的链表中删除相应结点，后移 qa、qb 两个指针，并释放指针原 qa、原 qb 所指结点。

按以上运算规则得到的相加后的多项式链表如图 2－18 所示。

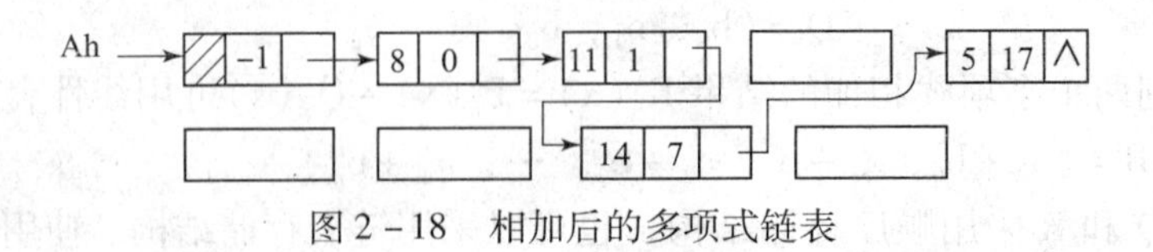

图 2－18　相加后的多项式链表

相应的算法如下：

【算法 2.9　多项式相加】

```
using System;
namespace Polyn
{
   public class Polynominal
   {
      int HighPower; //多项式的次数
      double[]CoeffArray =new double[100];
      //数组用来存储多项式的系数,数组的项次表示多项式的次数
      Polynominal p =new Polynominal();
      public Polynominal()    //构造函数,初始化
      {
         HighPower =0;
         int i;
         for(i =0; i <CoeffArray.Length; i ++)
            CoeffArray[i] =0;
      }
      public Polynominal(int Exponent)
      //为了在测试时减少每次输入的麻烦,故设此构造函数

         HighPower = Exponent;
         int i;
         int t;
         for(i =0,t =1; i  <=Exponent; i ++,t ++)
         {
            CoeffArray[i] =t * t;
         }
      }
      /// < summary >
      ///读入多项式的系数和次数
      /// < /summary >
      public void ReadIn()    //读入多项式的系数和次数
      {
```

```
int Exponent; //次数
double Coefficient;
Console.WriteLine("当系数输入为 0 时表示多项式输入完毕.");
while(true)   //确保输入的数据有效
{
  Console.WriteLine("读入多项式的最高次数:");
  if(! (int.TryParse(Console.ReadLine(),out HighPower)))
  {
    Console.WriteLine("输入的不是整数,请重新输入");
    continue;
  }
  else
     break;
}

while(true)
{
  Console.WriteLine("输入某一项的次数(int 型):");
  if(! (int.TryParse(Console.ReadLine(),out Exponent)))
  {
     Console.WriteLine("不是整数,请重新输入:");
     continue;   //确保输入的"次"符合要求
  }
  else if(Exponent >HighPower)
  {
    Console.WriteLine("该项次数大于多项式的最高次数,请重新输入:");
    continue;
  }
  Console.WriteLine("输入系数(浮点型):");

  while(true)
  {
    if(! (double.TryParse(Console.ReadLine(),out Coefficient)))
    {
      Console.WriteLine("输入的不是实数,请重新输入");
      continue;
    }
    break;
```

```
        }
        if(Coefficient ==0)    //退出条件,当系数为零时退出
            break;
        CoeffArray[Exponent] = Coefficient;
        }
    }
    /// <summary>
    ///输出多项式,系数为零的不输出
    /// </summary>
    public void PrintPoly()        //输出多项式,系数为零的不输出
    {
        int i =0;
        Console.WriteLine();
        Console.WriteLine("输出多项式:");
        Console.Write("Poly: =");
        while(CoeffArray[i] ==0)    //寻找第一个系数不为零的项
        {
            i ++;
        }

        if(i != 0 && i != 1) /* 当第一个系数不为零的项的次数为零或为1,需要
做特殊处理。不能在输出结果中出现形如12X^0 +1X^1 的形式,正确表达应为12 +X */
        {
            Console.Write("{0}X^{1}",CoeffArray[i],i);

        }
        else if(i ==0)
        {
            Console.Write("{0}",CoeffArray[i]);
        i ++;
        if(CoeffArray[i]! =1)
            Console.Write(" +{0}X",CoeffArray[i]);
        else
            Console.Write(" +X");
    }
    else if(CoeffArray[i]! =1)
        Console.Write("{0}X",CoeffArray[i]);
    else
```

```
      Console.Write("X");
    i ++;
    while(i <CoeffArray.Length)
    {
      if(CoeffArray[i]! =0)
        Console.Write(" +{0}X^{1}",CoeffArray[i],i);
      i ++;
    }
  }

  private int Max(int t1,int t2)      //求两个数中的最大值
  {
    return(t1 >t2 ? t1:t2);
  }
  ///< summary >
  ///多项式相加
  ///< /summary >
  ///<param name = "p1" > < /param >
  /// <param name = "p2" > < /param >
  void AddPoly(Polynominal p1,Polynominal p2)   //多项式相加
  {
    //p =new  Polynominal();
    int i;
    HighPower =Max(p1.HighPower,p2.HighPower);
    for(i =0; i <this.HighPower; i ++)
    {
      CoeffArray[i] =p1.CoeffArray[i] +p2.CoeffArray[i];
    }


  }

  public static Polynominal operator +(Polynominal p1,Polynominal
p2)  //重载" +"操作符
  {
    Polynominal p =new Polynominal();
    p.AddPoly(p1,p2);
    return p;
  }
```

```
    void MultiPoly(Polynominal p1,Polynominal p2)   //多项式相乘
    {
      int i,j;
      HighPower =p1.HighPower +p2.HighPower;
      if(HighPower >1000)
      {
        Console.WriteLine("超出存储范围");
      }
      else
      {
        for(i =0; i <=p1.HighPower; i ++)
          for(j =0; j <=p2.HighPower; j ++)
            CoeffArray[i +j] + =p1.CoeffArray[i] * p2.CoeffArray[j];
      }

    }

    public static Polynominal operator *(Polynominal p1,Polynominal
p2)  //重载"*"操作符
      {
        Polynominal p =new Polynominal();
        p.MultiPoly(p1,p2);
        return p;
        }
      }
    }
```

多项式除了相加外，还有其他的运算，如多项式的输出、多项式的相乘等。有兴趣的读者可以设计相关的算法。

2.5 实训项目二——顺序表与链表的应用

【实训1】顺序表的应用

1. 实训说明

已知一个存储整数的顺序表 La，试构造顺序表 Lb，要求顺序表 Lb 中只包含顺序表 La 中所有值不相同的数据元素。

2. 程序分析

要将该表逆置，可以将表中的开始结点与终端结点互换，第二个结点与倒数第二个结点互换，如此反复，就可将整个表逆置。

3. 程序源代码

该实例程序的源代码如下：

```
public SeqList<int>Purge(SeqList<int>La)
{
    SeqList<int>Lb=new SeqList<int>(La.Maxsize);
    //将a表中的第1个数据元素赋给b表
    Lb.Append(La[0]);
    //依次处理a表中的数据元素
    for(int i=1; i<=La.GetLength()-1; ++i)
    {
        int j=0;
        //查看b表中有无与a表中相同的数据元素
        for(j=0; j<=Lb.GetLength()-1; ++j)
        {
            //有相同的数据元素
            if(La[i].CompareTo(Lb[j])==0)
            {
                break;
            }
        }
            //没有相同的数据元素,将a表中的数据元素附加到b表的末尾
            if(j>Lb.GetLength()-1)
            {
                Lb.Append(La[i]);
            }
        }
            return Lb;
    }
```

【实训2】链表的应用

1. 实训说明

使用链表实现线性表的就地逆置。

2. 程序分析

可以用交换数据的方式达到逆置的目的。但是由于是单链表，数据的存取不是随机的，因此算法效率太低。可以利用指针改指来达到表逆置的目的。具体情况如下：

①当链表为空表或只有一个结点时，该链表的逆置链表与原表相同。

②当链表含2个以上结点时，可将该链表处理成只含第一结点的带头结点链表和一个无头结点的包含该链表剩余结点的链表。然后，将该无头结点链表中的所有结点顺着链表指针，由前往后将每个结点依次从无头结点链表中摘下，作为第一个结点插入带头结点链表中。这样就可以得到逆置的链表。

3. 程序源代码

```
public void ReversLinkList(LinkList<int>H)
{
      Node<int>p=H.Next;
      Node<int>q=new Node<int>();
      H.Next=null;
      while(p!=null)
      {
            q=p;
            p=p.Next;
            q.Next=H.Next;
            H.Next=q;
      }
}
```

本章小结

本章讨论了数据结构中最简单的数据结构——线性表。主要介绍了如下一些基本概念：

线性表：一个线性表是n≥0个数据元素a_0，a_1，a_2，…，a_{n-1}的有限序列。

线性表的顺序存储结构：在计算机中用一组地址连续的存储单元依次存储线性表的各个数据元素，称作线性表的顺序存储结构。

线性表的链式存储结构：线性表的链式存储结构就是用一组任意的存储单元——结点（可以是不连续的）存储线性表的数据元素。表中每一个数据元素，都由存放数据元素值的数据域和存放直接前驱或直接后继结点的地址（指针）的指针域组成。

循环链表：循环链表（Circular Linked List）是将单链表的表中最后一个结点指针指向链表的表头结点，整个链表形成一个环，从表中任一结点出发都可找到表中其他的结点。

双向链表：双向链表中，在每一个结点除了数据域外，还包含两个指针域，一个指针（next）指向该结点的后继结点，另一个指针（prior）指向它的前驱结点。

线性的逻辑结构的特性是数据元素之间存在着线性关系，即数据元素位置上的相邻关系。在计算机中表示这种关系有两类不同的存储结构：顺序存储结构（顺序表）和链式存储结构（链表）。

顺序表的存储特点是逻辑关系上相邻的两个元素在物理位置上也相邻，因此表中任一元素的存储位置可以由表的基地址得到，也就是说，顺序表是一种可随机存取的存储结构。本章介绍了顺序表的插入、删除运算的实现算法，顺序表存在以下的缺点：

①在表头实现插入、删除等操作时，必须移动大量数据元素。

②表的最大容量必须预先分配，造成存储空间的浪费。

链表的存储特点是元素之间的逻辑关系用结点的地址域指针来表示，因此，在逻辑上相邻的数据元素在物理上存储位置可以不相邻。

采用链式存储方式的线性表由于数据元素之间是通过指针来指示的，因此，链表也就不能随机存取，必须从头指针出发寻找所需要的数据元素，但是，链表却可以动态地分配存储空间，插入和删除操作只需修改指针域。

习 题

1. 什么是顺序存储结构和链式存储结构？

2. 试描述头指针、头结点、开始结点的区别，并说明头指针和头结点的作用。

3. 设线性表中数据元素的总数基本不变，并很少进行插入或删除工作，若要以最快的速度存取线性表中的数据元素，应选择线性表的何种存储结构？为什么？

4. 画出下列数据结构的图示：①顺序表；②单链表；③双链表；④循环链表。

5. 何时选用顺序表、何时选用链表作为线性表的存储结构为宜？

6. 给出删除单链表中值为 k 的结点的前驱结点的算法。

7. 试给出实现删除单链表中值相同的多余结点的算法。

8. 试给出依次输出单链表中所有数据元素的算法。

9. 试给出求单链表长度的算法。

10. 试给出有序循环链表插入操作的算法。

11. 将有序（降序）单链表（入口为 head）按所给关键字 key 分成两个循环链表。其中，比 key 小的所有结点组成入口为 h1 的循环链表；比 key 大的所有结点组成入口为 h2 的循环链表。

12. 若多项式 $A = a_1x + a_2x^2 + \cdots + a_{n-1}x^{n-1} + a_nx^n$，$B = b_1x + b_2x^2 + \cdots + b_{n-1}x^{n-1} + b_nx^n$ 以单链表存储，试给出多项式相减 $A - B$ 的算法。

第3章　栈和队列

本章学习导读

从数据结构上看，栈和队列也是线性表，不过是两种特殊的线性表。栈只允许在表的一端进行插入或删除操作，而队列只允许在表的一端进行插入操作，在另一端进行删除操作。因而，栈和队列也可以称为操作受限的线性表。通过本章的学习，读者应能掌握栈和队列的逻辑结构和存储结构，以及栈和队列的基本运算以及实现算法。

3.1　栈

3.1.1　栈的定义及其运算

栈是限制在表的一端进行插入和删除的线性表。允许插入、删除的这一端称为栈顶，另一个固定端称为栈底。当表中没有元素时称为空栈。如图3－1所示，栈中有三个元素，进栈的顺序是 a_1、a_2、a_3，当需要出栈时，其顺序为 a_3、a_2、a_1，所以栈又称为后进先出的线性表（Last In First Out），简称为LIFO表。

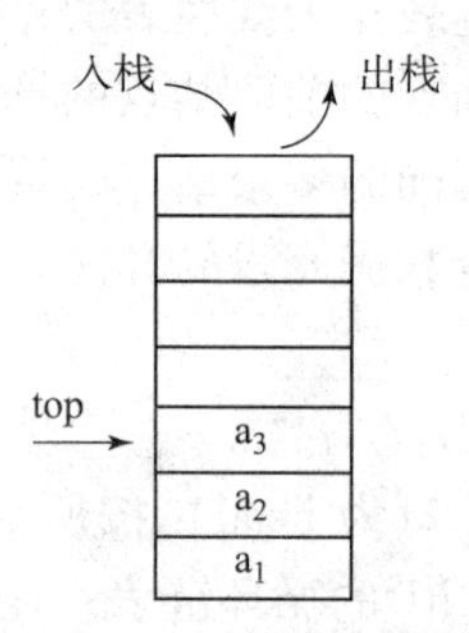

图3－1　栈示意图

在日常生活中，有很多后进先出的例子，读者可以列举，比如，刷洗盘子，把洗净的盘子一个接一个地往上放（相当于把元素入栈）；取用盘子的时候，则从最上面一个接一个地往下拿（相当于把元素出栈）。在程序设计中，常常需要栈这样的数据结构，使得与保存数据时相反顺序来使用这些数据，这时就需要用一个栈来实现。

由于栈只能在栈顶进行操作，所以不能在栈的任意一个元素处插入或删除元素。因此，栈的操作是线性表操作的一个子集。栈的操作主要包括在栈顶插入元素和删除元素、取栈顶元素和判断栈是否为空等。

与线性表一样，栈的运算是定义在逻辑结构层次上的，而运算的具体实现是建立在物理存储结构层次上的。因此，把栈的操作作为逻辑结构的一部分，而每个操作的具体实现只有在确定了栈的存储结构之后才能完成。栈的基本运算不是它的全部运算，而是一些常用的基本运算。

同样，以C#语言的泛型接口来表示栈，接口中的方法成员表示基本操作。为表示的方便与简洁，把泛型栈接口取名为IStack（实际上，在C#中没有泛型接口IStack <T>，泛型栈是从IEnumerable <T>和ICollection等接口继承而来的，这一点与线性表不一样）。

栈的接口定义如下所示。

```
public interface IStack<T>{
        int GetLength();        //求栈的长度
        bool IsEmpty();         //判断栈是否为空
        void Clear();           //清空操作
        void Push(T item);      //入栈操作
        T Pop();                //出栈操作
        T GetTop();             //取栈顶元素
}
```

下面对栈的基本操作进行说明。

（1）求栈的长度：GetLength()

初始条件：栈存在；

操作结果：返回栈中数据元素的个数。

（2）判断栈是否为空：IsEmpty()

初始条件：栈存在；

操作结果：如果栈为空，返回true，否则返回false。

（3）清空操作：Clear()

初始条件：栈存在；

操作结果：使栈为空。

（4）入栈操作：Push(T item)

初始条件：栈存在；

操作结果：将值为item的新的数据元素添加到栈顶，栈发生变化。

（5）出栈操作：Pop()

初始条件：栈存在且不为空；

操作结果：将栈顶元素从栈中取出，栈发生变化。

（6）取栈顶元素：GetTop()

初始条件：栈表存在且不为空；

操作结果：返回栈顶元素的值，栈不发生变化。

3.1.2 栈的存储和运算实现

1. 顺序栈

用一片连续的存储空间来存储栈中的数据元素，这样的栈称为顺序栈（Sequence Stack）。类似于顺序表，用一维数组来存放顺序栈中的数据元素。栈顶指示器top设在数组下标为0的端，top随着插入和删除而变化，当栈为空时，top = -1。图3-2是顺序栈的栈顶指示器 top 与栈中数据元素的关系图。

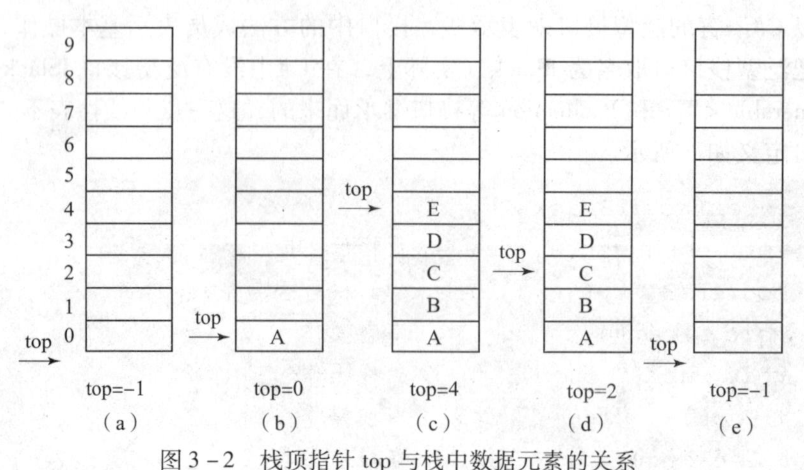

图 3-2 栈顶指针 top 与栈中数据元素的关系

(a)，(e) 空栈；(b) 1 个元素；(c) 5 个元素；(d) 3 个元素

把顺序栈看作一个泛型类，类名为 SeqStack <T>。“Seq” 是英文单词 “Sequence” 的前三个字母。SeqStack <T>类实现了接口 IStack <T>。用数组来存储顺序栈中的元素，在 SeqStack <T>类中用字段 data 来表示。用字段 maxsize 表示栈的容量，与顺序表一样，可以用 System. Array 的 Length 属性来表示，但为了说明顺序栈的容量，在 SeqStackt <T>类中用字段 maxsize 来表示。maxsize 的值可以根据实际需要修改，这通过 SeqStack <T>类的构造器中的参数 size 来实现。顺序栈中的元素由 data[0] 开始依次顺序存放。字段 top 表示栈顶，top 的范围是 0 ~ (maxsize - 1)，如果顺序栈为空，top = -1。当执行入栈操作时，需要判断顺序栈是否已满，顺序栈已满则不能插入元素。所以，SeqStack <T>类除了要实现接口 IStack <T>中的方法外，还需要实现判断顺序栈是否已满的成员方法。

顺序栈类 SeqStack <T>的实现说明如下所示。

```
public class SeqStack<T>: IStack<T>{
    private int maxsize;        //顺序栈的容量
    private T[]data;            //数组,用于存储顺序栈中的数据元素
    private int top;            //指示顺序栈的栈顶
    //索引器
    public T this[int index]
    {
        get
        {
            return data[index];
        }
        set
        {
            data[index]=value;
```

```
        }
    }
    //容量属性
    public int Maxsize
    {
        get
        {
            returnmaxsize;
        }
        set
        {
            maxsize = value;
        }
    }
    //栈顶属性
    public int Top
    {
        get
        {
            return top;
        }
    }
    //构造器
    public SeqStack(int size)
    {
        data = new T[size];
        maxsize = size;
        top = -1;
    }
    //求栈的长度
    public int GetLength()
    {
        return top +1;
    }
    //清空顺序栈
    public void Clear()
    {
        top = -1;
```

```
    }
    //判断顺序栈是否为空
    public bool IsEmpty()
    {
        if(top == -1)
        {
            return true;
        }
        else
        {
            return false;
        }
    }
    //判断顺序栈是否为满
    public bool IsFull()
    {
        if(top == maxsize - 1)
        {
            return true;
        }
        else
        {
            return false;
        }
    }
    //入栈
    public void Push(T item)
    {
        if(IsFull())
        {
            Console.WriteLine("Stack is full");
            return;
        }
        data[ ++top] = item;
    }
    //出栈
    public T Pop()
    {
```

```
            T tmp = default(T);
            if(IsEmpty())
            {
                Console.WriteLine("Stack is empty");
                return tmp;
            }
            tmp = data[top];
            --top;
            return tmp;
        }
        //获取栈顶数据元素
        public T GetTop()
        {
            if(IsEmpty())
            {
                Console.WriteLine("Stack is empty!");
                return default(T);
            }
            returndata[top];
        }
    }
```

以下几点说明：

①对于顺序栈，入栈时，首先判断栈是否满了。栈满的条件为：top == maxsize - 1，栈满时，不能入栈；否则出现空间溢出，引起错误，这种现象称为上溢。

②出栈和读栈顶元素操作，先判栈是否为空，为空时不能操作，否则产生错误。

2. 链栈

栈的另外一种存储方式是链式存储，这样的栈称为链栈（Linked Stack）。链栈通常用单链表来表示，它的实现是单链表的简化。所以，链栈结点的结构与单链表结点的结构一样。由于链栈的操作只是在一端进行，为了操作方便，把栈顶设在链表的头部，并且不需要头结点。

链栈结点类（Node <T>）的实现如下：

```
public class Node<T>
{
  private T data; //数据域
  private Node<T>next; //引用域

  //构造器
  public Node(T val,Node<T>p)
```

```
{
    data = val;
    next = p;
}
//构造器
public Node(Node<T> p)
{
    next = p;
}
//构造器
public Node(T val)
{
    data = val;
    next = null;
}
//构造器
public Node()
{
    data = default(T);
    next = null;
}
//数据域属性
public T Data
{
    get
    {
        return data;
    }
    set
    {
        data = value;
    }
}
//引用域属性
public Node<T> Next
{
    get
    {
```

```
                return next;
            }
            set
            {
                next = value;
            }
        }
    }
```

图3－3所示是链栈示意图。

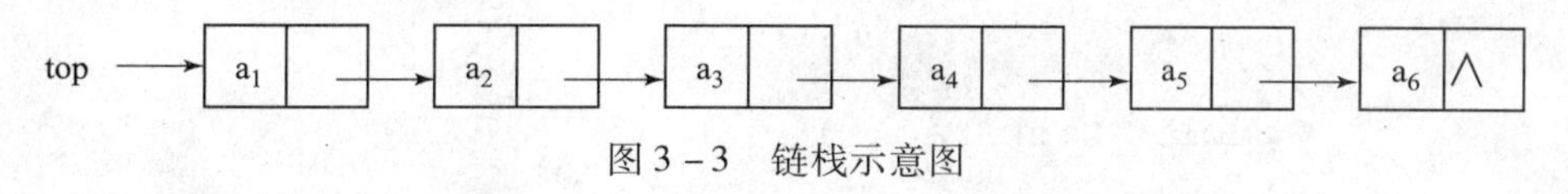

图3－3　链栈示意图

把链栈看作一个泛型类，类名为LinkStack<T>。LinkStack<T>类中有一个字段top表示栈顶指示器。由于栈只能访问栈顶的数据元素，而链栈的栈顶指示器又不能指示栈的数据元素的个数。所以，求链栈的长度时，必须把栈中的数据元素一个个出栈，每出栈一个数据元素，计数器就增加1，但这样会破坏栈的结构。为保留栈中的数据元素，需把出栈的数据元素先压入另外一个栈，计算完长度后，再把数据元素压入原来的栈。但这种算法的空间复杂度和时间复杂度都很高，所以，以上两种算法都不是理想的解决方法。理想的解决方法是LinkStack<T>类增设一个字段num表示链栈中结点的个数。

链栈类LinkStack<T>的实现说明如下所示。

```
public class LinkStack<T>: IStack<T>{
    private Node<T>top;        //栈顶指示器
    private int num;           //栈中结点的个数
    //栈顶指示器属性
    public Node<T>Top
    {
        get
        {
            return top;
        }
        set
        {
            top = value;
        }
    }
    //元素个数属性
    public intNum
```

```
{
    get
    {
        return num;
    }
    set
    {
        num = value;
    }
}
//构造器
public LinkStack()
{
    top = null;
    num = 0;
}
//求链栈的长度
public int GetLength()
{
    return num;
}
//清空链栈
public void Clear()
{
    top = null;
    num = 0;
}
//判断链栈是否为空
public bool IsEmpty()
{
    if((top == null) &&(num == 0))
    {
        return true;
    }
    else
    {
        return false;
}
```

```
        }
        //入栈
        public void Push(T item)
        {
        Node<T>q=new Node<T>(item);
        if(top==null)
        {
        top=q;
        }
        else
        {
           q.Next=top;
           top=q;
        }
        ++num;
        }
        //出栈
        public T Pop()
        {
          if(IsEmpty())
          {
             Console.WriteLine("Stack is empty!");
             return default(T);
          }
          Node<T>p=top;
          top=top.Next;
          --num;
          return p.Data;
        }
        //获取栈顶结点的值
        public T GetTop()
        {
              if(IsEmpty())
              {
                     Console.WriteLine("Stack is empty!");
                     return default(T);
              }
                     return top.Data;
        }
}
```

3.2 队 列

3.2.1 队列的定义及其运算

前面所讲的栈是一种后进先出的数据结构，而在实际问题中还经常使用一种“先进先出”（First In First Out，FIFO）的数据结构，即插入在表一端进行，而删除在表的另一端进行，我们将这种数据结构称为队或队列，把允许插入的一端叫队尾（rear），把允许删除的一端叫队头（front）。图 3 - 4 所示是一个有 5 个元素的队列。入队的顺序依次为 a_1、a_2、a_3、a_4、a_5，出队时的顺序将依然是 a_1、a_2、a_3、a_4、a_5。

出 队 ← a_1 a_2 a_3 a_4 a_5 ← 入 队

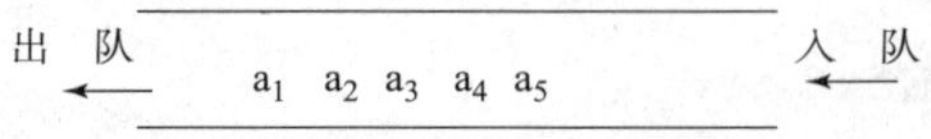

图 3 - 4 队列示意图

在实际生活中，有许多类似于队列的例子。比如，排队取钱，先来的先取，后来的排在队尾。队列的操作是线性表操作的一个子集。队列的操作主要包括在队尾插入元素、在队头删除元素、取队头元素和判断队列是否为空等。与栈一样，队列的运算是定义在逻辑结构层次上的，而运算的具体实现是建立在物理存储结构层次上的。因此，把队列的操作作为逻辑结构的一部分，每个操作的具体实现只有在确定了队列的存储结构之后才能完成。队列的基本运算不是它的全部运算，而是一些常用的基本运算。

同样，以 C#语言的泛型接口来表示队列，接口中的方法成员表示基本操作。为了表示的方便与简洁，把泛型队列接口取名为 IQueue <T>（实际上，在 C#中泛型队列类是从 IEnumerable <T>、ICollection 和 IEnumerable 接口继承而来的，没有 IQueue <T>泛型接口）。

队列接口 IQueue <T>的定义如下所示。

```
public interface IQueue<T>
{
  int GetLength();   //求队列的长度
  bool IsEmpty();    //判断对列是否为空
  void Clear();      //清空队列
  void In(T item);   //入队
  T Out();           //出队
  T GetFront();      //取对头元素
}
```

下面对队列的基本操作进行说明。

(1) 求队列的长度：GetLength()

初始条件：队列存在；

操作结果：返回队列中数据元素的个数。

(2) 判断队列是否为空：IsEmpty()

初始条件：队列存在；

操作结果：如果队列为空，返回 true，否则返回 false。

（3）清空操作：Clear( )

初始条件：队列存在；

操作结果：使队列为空。

（4）入队列操作：In(T item)

初始条件：队列存在；

操作结果：将值为 item 的新数据元素添加到队尾，队列发生变化。

（5）出队列操作：Out( )

初始条件：队列存在且不为空；

操作结果：将队头元素从队列中取出，队列发生变化。

（6）取队头元素：GetFront( )

初始条件：队列存在且不为空；

操作结果：返回队头元素的值，队列不发生变化。

3.2.2　队列的存储和运算实现

与线性表、栈类似，队列也有顺序存储和链式存储两种存储方法。

1. 顺序队

用一片连续的存储空间来存储队列中的数据元素，这样的队列称为顺序队列（Sequence Queue）。类似于顺序栈，用一维数组来存放顺序队列中的数据元素。队头位置设在数组下标为 0 的端，用 front 表示；队尾位置设在数组的另一端，用 rear 表示。front 和 rear 随着插入和删除而变化。当队列为空时，front = rear = －1。图 3－5 是顺序队列的两个指示器与队列中数据元素的关系图。

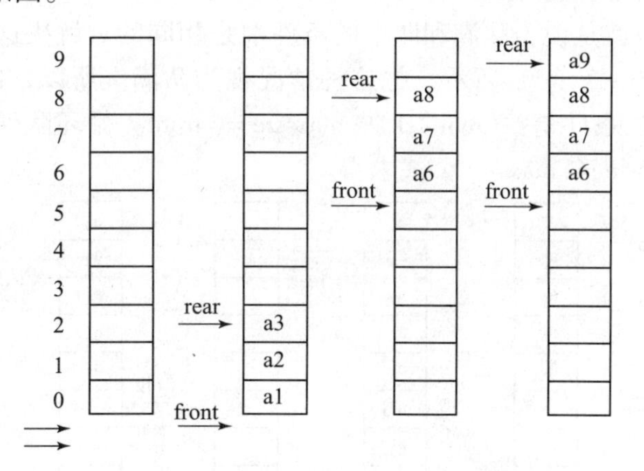

图 3－5　队列操作示意图

（a）空队；（b）有 3 个元素；（c）一般情况；（d）假溢出现象

当有数据元素入队时，队尾指示器 rear 加 1；当有数据元素出队时，队头指示器 front 加 1。当 front = rear 时，表示队列为空；当队尾指示器 rear 到达数组的上限处而 front 为 －1 时，队列为满。队尾指示器 rear 的值大于队头指示器 front 的值，队列中元素的个数可以由 rear－front 求得。

由图 3－5（d）可知，如果再有一个数据元素入队，就会出现溢出。但事实上，队列中并未满，还有空闲空间，把这种现象称为"假溢出"。这是由队列"队尾入，队头出"的操作原则造成的。解决假溢出的方法是将顺序队列看成是首尾相接的循环结构，头尾指示器的关系不变，这种队列叫循环顺序队列（Circular Sequence Queue）。循环队列如图 3－6 所示。

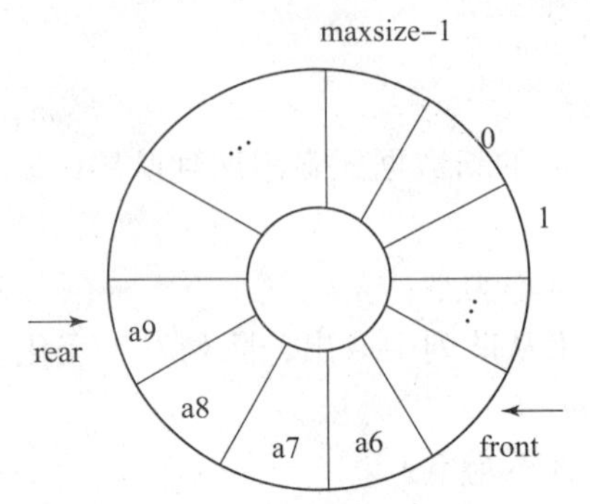

图 3－6　循环队列示意图

当队尾指示器 rear 到达数组的上限时，如果还有数据元素入队并且数组的第 0 个空间空闲，队尾指示器 rear 指向数组的 0 端。所以，队尾指示器的加 1 操作修改为：

```
rear = (rear + 1) % maxsize
```

队头指示器的操作也是如此。当队头指示器 front 到达数组的上限时，如果还有数据元素出队，队头指示器 front 指向数组的 0 端。所以，队头指示器的加 1 操作修改为：

```
front = (front + 1) % maxsize
```

循环顺序队列操作示意图如图 3－7 所示。

由图 3－7 可知，队尾指示器 rear 的值不一定大于队头指示器 front 的值，并且队满和队空时都有 rear = front。也就是说，队满和队空的条件都是相同的。解决这个问题的方法一般是少用一个空间，如图 3－7（d）所示，把这种情况视为队满。所以，判断队空的条件是：rear == front，判断队满的条件是：(rear + 1) % maxsize == front。循环队列中数据元素的个数可由（rear − front + maxsize) % maxsize 公式求得。

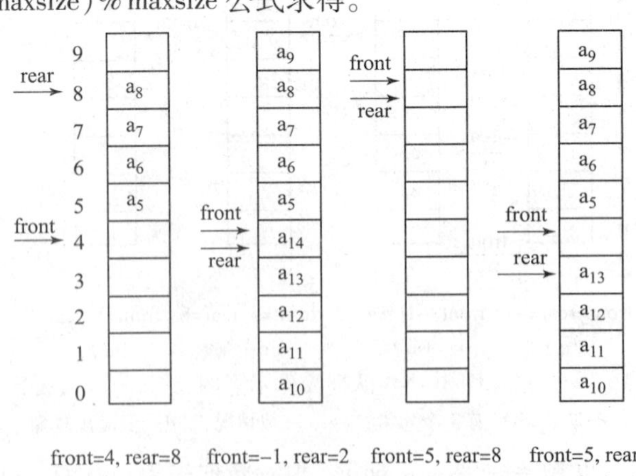

图 3－7　循环队列操作示意图

(a) 有 4 个元素；(b) ～ (d) 队满

把循环顺序队列看作一个泛型类，类名叫 CSeqStack <T>，“C” 是英文单词 circular 的第1个字母。CSeqStack <T>类实现了接口 IQueue <T>。用数组来存储循环顺序队列中的元素，在 CSeqStack <T>类中用字段 data 来表示。用字段 maxsize 表示循环顺序队列的容量，maxsize 的值可以根据实际需要修改，这通过 CSeqStack <T>类的构造器中的参数 size 来实现，循环顺序队列中的元素由 data［0］开始依次顺序存放。字段 front 表示队头，front 的范围是 0 ~ （maxsize - 1）。字段 rear 表示队尾，rear 的范围也是 0 ~ （maxsize - 1）。如果循环顺序队列为空，front = rear = -1。当执行入队列操作时，需要判断循环顺序队列是否已满，如果循环顺序队列已满，(rear + 1)% maxsize == front，循环顺序队列已满不能插入元素。所以，CSeqStack <T>类除了要实现接口 IQueue <T>中的方法外，还需要实现判断循环顺序队列是否已满的成员方法。

循环顺序队列类 CSeqQueue <T>的实现说明如下所示。

```
public class CSeqQueue<T>: IQueue<T>{
      private int maxsize;//循环顺序队列的容量
      private T[]data;    //数组,用于存储循环顺序队列中的数据元素
      private int front;  //指示循环顺序队列的队头
      private int rear;   //指示循环顺序队列的队尾
      //索引器
      public T this[int index]
      {
            get
            {
                return data[index];
            }
            set
            {
                data[index] = value;
            }
      }
      //容量属性
      public int Maxsize
      {
            get
            {
                returnmaxsize;
            }
            set
            {
                maxsize = value;
```

```
        }
    }
    //队头属性
    public int Front
    {
        get
        {
            return front;
        }
        set
        {
            front = value;
        }
    }
    //队尾属性
    public intRear
    {
        get
        {
            return rear;
        }
        set
        {
            rear = value;
        }
    }
    //构造器
    public CSeqQueue(int size)
    {
        data = new T[size];
        maxsize = size;
        front = rear = -1;
    }
    //求循环顺序队列的长度
    public int GetLength()
    {
        return(rear - front + maxsize) % maxsize;
    }
```

```
//清空循环顺序队列
public void Clear()
{
    front = rear = -1;
}
//判断循环顺序队列是否为空
public bool IsEmpty()
{
    if(front == rear)
    {
        return true;
    }
    else
    {
        return false;
    }
}
//判断循环顺序队列是否为满
public bool IsFull()
{
    if((rear +1) % maxsize == front)
    {
        return true;
    }
    else
    {
        return false;
    }
}
//入队
public void In(T item)
{
    if(IsFull())
    {
        Console.WriteLine("Queue is full");
        return;
    }
    data[ ++rear] = item;
```

```
        }
        //出队
        public T Out()
        {
            T tmp = default(T);
            if(IsEmpty())
            {
                Console.WriteLine("Queue is empty");
                return tmp;
            }
            tmp = data[ ++ front];
            return tmp;
        }
        //获取队头数据元素
        public T GetFront()
        {
            if(IsEmpty())
            {
                Console.WriteLine("Queue is empty!");
                return default(T);
            }
            returndata[front +1];
        }
    }
```

2. 链队列

队列的另外一种存储方式是链式存储，这样的队列称为链队列（Linked Queue）。同链栈一样，链队列通常用单链表来表示，它的实现是单链表的简化。所以，链队列的结点的结构与单链表的一样。由于链队列的操作只是在一端进行，为了操作方便，把队头设在链表的头部，并且不需要头结点。

队列结点类（Node <T>）的实现如下所示：

```
public class Node <T >
{
  private T data;          //数据域
  private Node <T >next;   //引用域
  //构造器
  public Node(T val,Node <T >p)
  {
```

```
        data = val;
        next = p;
    }
    //构造器
    public Node(Node<T> p)
    {
        next = p;
    }
    //构造器
    public Node(T val)
    {
        data = val;
        next = null;
    }
    //构造器
    public Node()
    {
        data = default(T);
        next = null;
    }
    //数据域属性
    public T Data
    {
        get
        {
            return data;
        }
        set
        {
            data = value;
        }
    }
    //引用域属性
    public Node<T> Next
    {
        get
        {
            return next;
```

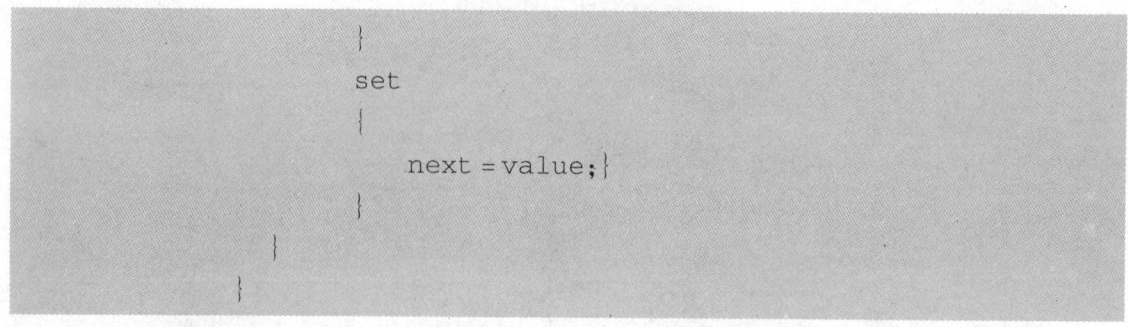

```
                }
                set
                {
                    next = value;}
                }
            }
        }
```

图 3 - 8 是链队列示意图。

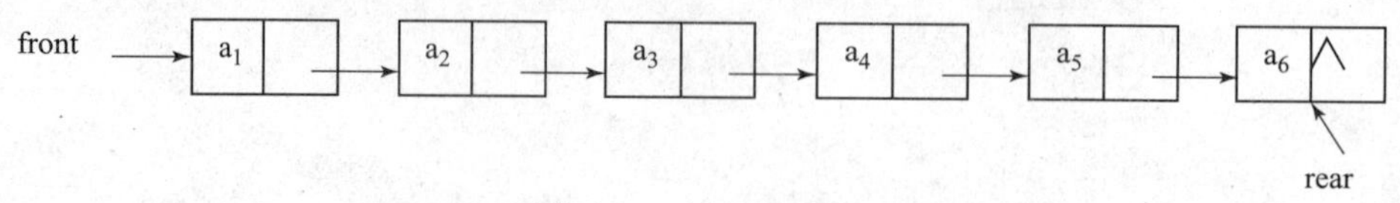

图 3 - 8 链队示意图

把链队列看作一个泛型类，类名为 LinkQueue <T>。LinkQueue <T> 类中有两个字段 front 和 rear，表示队头指示器和队尾指示器。由于队列只能访问队头的数据元素，而链队列的队头指示器和队尾指示器又不能指示队列的元素个数，所以，与链栈一样，在 LinkQueue <T> 类增设一个字段 num 表示链队列中结点的个数。

链队列类 LinkQueue <T> 的实现说明如下所示。

```
public class LinkQueue<T> : IQueue<T> {
    private Node<T> front;      //队列头指示器
    private Node<T> rear;       //队列尾指示器
    private int num;            //队列结点个数
    //队头属性
    public Node<T> Front
    {
        get
        {
            return front;
        }
        set
        {
            front = value;
        }
    }
    //队尾属性
    public Node<T> Rear
    {
        get
```

```
        {
            return rear;
        }
        set
        {
            rear = value;
        }
    }
    //队列结点个数属性
    public intNum
    {
        get
        {
            return num;
        }
        set
        {
            num = value;
        }
    }
    //构造器
    public LinkQueue()
    {
        front = rear = null;
        num = 0;
    }
    //求链队列的长度
    public int GetLength()
    {
        return num;
    }
    //清空链队列
    public void Clear()
    {
        front = rear = null;
        num = 0;
    }
    //判断链队列是否为空
```

```
public bool IsEmpty()
{
    if((front == rear)&&(num == 0))
    {
        return true;
    }
    else
    {
        return false;
    }
}
//入队
public void In(T item)
{
    Node<T>q = new Node<T>(item);
    if(rear == null)
    {
        rear = q;
    }
    else
    {
        rear.Next = q;
        rear = q;
    }
    ++num;
}
//出队
public T Out()
{
    if(IsEmpty())
    {
        Console.WriteLine("Queue is empty!");
        return default(T);
    }
    Node<T>p = front;
    front = front.Next;
    if(front == null)
    {
```

```
                    rear = null;
                }
                --num;
                return p.Data;
            }
            //获取链队列头结点的值
            public T GetFront()
            {
                if(IsEmpty())
                {
                    Console.WriteLine("Queue is empty!");
                    return default(T);
                }
                return front.Data;
            }
        }
```

3.3　实训项目三——栈与队列的应用

【实训一】栈的应用举例（括号匹配）

1. 实训说明

括号匹配问题也是计算机程序设计中常见的问题。为简化问题，假设表达式中只允许有两种括号：圆括号和方括号。嵌套的顺序是任意的，([]())或[()[()][]]等都为正确的格式，而[(])或(([)])等都是不正确的格式。检验括号匹配的方法要用到栈。

2. 程序分析

如果括号序列不为空，重复步骤1。

步骤1：从括号序列中取出1个括号，分为三种情况：

①如果栈为空，则将括号入栈；

②如果括号与栈顶的括号匹配，则将栈顶括号出栈。

③如果括号与栈顶的括号不匹配，则将括号入栈。

步骤2：如果括号序列为空并且栈为空，则括号匹配，否则不匹配。

3. 程序源代码

该实例程序的源代码如下：

```
        public bool MatchBracket(char[]charlist)
        {
```

```
            SeqStack<char>s = new SeqStack<char>(50);
            int len = charlist.Length;
            for(int i = 0; i < len; ++i)
            {
                if(s.IsEmpty())
                {
                    s.Push(charlist[i]);
                }
                else if(((s.GetTop() == '(')&&(charlist[i] == ')
                          '))) || (s.GetTop() == '[' && charlist
                          [i] == ']'))
                {
                    s.Pop();
                }
                else
                {
                    s.Push(charlist[i]);
                }
            }
            if(s.IsEmpty())
            {
                return true;
            }
            else
            {
                return false;
            }
        }
```

【实训二】队列的应用举例（回文判断）

1. 实训说明

编程判断一个字符串是否是回文。回文是指一个字符序列以中间字符为基准两边字符完全相同，如字符序列“ACBDEDBCA”是回文。

2. 程序分析

判断一个字符序列是否是回文，就是把第一个字符与最后一个字符相比较，第二个字符与倒数第二个字符比较，依此类推，第 i 个字符与第 n－i 个字符比较。如果每次比较都相等，则为回文；如果某次比较不相等，就不是回文。因此，可以把字符序列分别入队列和栈，然后逐个出队列和出栈并比较出队列的字符和出栈的字符是否相等，若全部相等，则该字符序列就是回文，否则就不是回文。

算法中的队列和栈无论采用哪种存储结构都行，本例采用循环顺序队列和顺序栈来实现，其他的情况读者可作为习题。程序中假设输入的都是英文字符而没有其他字符，对于输入其他字符情况的处理，读者可以自己去完成。

3. 程序源代码

该实例程序的源代码如下：

```
public static void Main()
{
    SeqStack<char> s = new SeqStack<char>(50);
    CSeqQueue<char> q = new CSeqQueue<char>(50);
    string str = Console.ReadLine();
    for(int i = 0; i < str.Length; ++i)
    {
        s.Push(str[i]);
        q.In(str[i]);
    }
    while(! s.IsEmpty() && ! q.IsEmpty())
    {
        if(s.Pop() != q.Out())
        {
            break;
        }
    }
    if(! s.IsEmpty() ||! q.IsEmpty())
    {
        Console.WriteLine("这不是回文!");
    }
    else
    {
        Console.WriteLine("这是回文!");
    }
}
```

本章小结

栈和队列是计算机中常用的两种数据结构，是操作受限的线性表。栈的插入和删除等操作都在栈顶进行，它是先进后出的线性表。队列的删除操作在队头进行，而插入、查找等操作在队尾进行，它是先进先出的线性表。与线性表一样，栈和队列有两种存储结构，顺序存储的栈称为顺序栈，链式存储的栈称为链栈。顺序存储的队列称为顺序对列，链式存储的队列称为链队列。

为解决顺序队列中的假溢出问题，采用循环顺序队列，但出现队空和队满的判断条件相同的问题，判断条件都是：front == rear。采用少用一个存储单元来解决该问题。此时，队满的判断条件是：(rear + 1) % maxsize == front，判断队空的条件是：rear == front。

栈适合于具有先进后出特性的问题，如括号匹配、表达式求值等问题；队列适合于具有先进先出特性的问题，如排队等问题。

习　题

1. 比较线性表、栈和队列这三种数据结构的相同点和不同点。

2. 如果进栈的元素序列为1，2，3，4，则可能得到的出栈序列有多少种？写出全部的可能序列。

3. 如果进栈的元素序列为A，B，C，D，E，F，能否得到D，C，E，F，A，B和A，C，E，D，B，F的出栈序列？并说明为什么不能得到或如何得到。

4. 写一算法将一顺序栈的元素依次取出，并打印元素值。

第4章　串

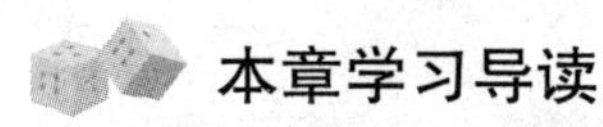

本章学习导读

本章主要介绍串的定义及基本运算，重点介绍串的存储结构、基本运算与串的C#实现方法。读者学习本章后应能掌握串的定义、串的基本运算，并能运用串来实现文本输入和输出。

4.1　串的基本概念

4.1.1　串的定义

字符串在应用程序中的使用非常频繁。字符串简称串，是一种特殊的线性表，其特殊性在于串中的数据元素是一个个字符。在事务处理程序中，顾客的信息如姓名、地址等及货物的名称、产地和规格等，都被作为字符串来处理。另外，字符串还具有自身的一些特性。因此，把字符串作为一种数据结构来研究。

串（或字符串）（String）是由零个或多个字符组成的有限序列，一般记作：

$$s = "c_0c_1\cdots c_{n-1}" \quad (n \geqslant 0)$$

其中，s是串名，双引号作为串的定界符（不是串的一部分），用双引号引起来的字符序列是串值；c_i（$0 \leqslant i \leqslant n$）可以是字母、数字、空格或其他字符；n为串的长度，当n=0时，称为空串（Empty String）。在计算串长时，空格也应记入串的长度中，如s="I'm a student"的长度为13。

4.1.2　主串和子串

一个串中任意个连续的字符组成的子序列称为该串的子串（Substring）。包含子串的串相应地称为主串。子串的第一个字符在主串中的位置叫子串的位置。如串s="I'm a student"，它的长度是13，串s1="student"的长度是7，s1是s的子串，s1的位置是7。

如果两个串的长度相等并且对应位置的字符都相等，则称这两个串相等。而在C#中，比较两个串是否相等还要看串的语言文化等信息。

4.2　串的存储结构

4.2.1　串值的存储

串的存储方式取决于对串所进行的运算。如果在程序设计语言中，串的运算只是作为输入或输出的常量出现，则此时只需存储该串的字符序列，这就是串值的存储。此外，一个字符序列还可以赋值给一个串变量，操作时通过串变量名访问串值。

由于串中的字符都是连续存储的，而在C#中串具有恒定不变的特性，即字符串一经创建，就不能将其变长、变短或者改变其中任何的字符。所以，这里不讨论串的链式存储，也不用接口来表示串的操作。同样，把串看作一个类，类名为StringDS。取名为StringDS是为了和C#自身的字符串类String相区别。类StringDS只有一个字段，即存放串中字符序列的数组data。由于串的运算有很多，在类StringDS中只包含部分基本的运算。串类StringDS的C#实现如下所示：

```
public class StringDS
{
    private char[]data;          //字符数组
    public char this[int index] //通过数组下标来访问
      {
         get
         {
           return data[index];
         }
      }
    public StringDS(char[]arr)  //构造器,构造一个方法
    {
        data = new char[arr.Length];
        for(int i =0; i <arr.Length; ++i)
        {
          data[i] =arr[i];        //实现字符数组的赋值
        }
    }
    public StringDS(StringDS s)
    {
        for(int i =0; i <arr.Length; ++i)
        {
        data[i] =s[i];
        }
    }
        //构造器
        public StringDS(StringDS s)
        {
        for(int i =0; i <arr.Length; ++i)
          {
               data[i] =s[i];
```

```
            }
        }
        //构造器
    public StringDS(int len)
    {
        char[]arr=new char[len];
        data=arr;
    }
    //求串长
    public int GetLength()
    {
    }
    //串比较
    public int Compare(StringDS s)
    {
    }
    //求子串
    public StringDS SubString(int index,int len)
    {
    }
    //串连接
    public StringDS Concat(StringDS s)
    {
    }
    //串插入
    public StringDS Insert(int index,StringDS s)
    {
    }
    //串删除
    public StringDS Delete(int index,int len)
    {
    }
    //串定位
    public int Index(StringDS s)
    {
    }
```

说明：以上C#程序只是部分代码，主要介绍在C#如何在一个类中通过定义一个字符数组来存储字符串，并通过下标的方法来对该字符数组进行赋值操作。具体完整的操作字符串的 C#程序将在后面的字符串基本运算及实现中仔细说明。

4.2.2 串名的存储映像

串名的存储映像就是建立了串名和串值之间的对应关系的一个符号表。这个表中的项目可以依据实际需要来设置，以方便地存取串值为原则。

如：

```
s1 = "data"
s2 = "structure"
```

假若一个单元仅存放 1 个字符，则上面两个串的串值顺序存储如图 4-1 所示。

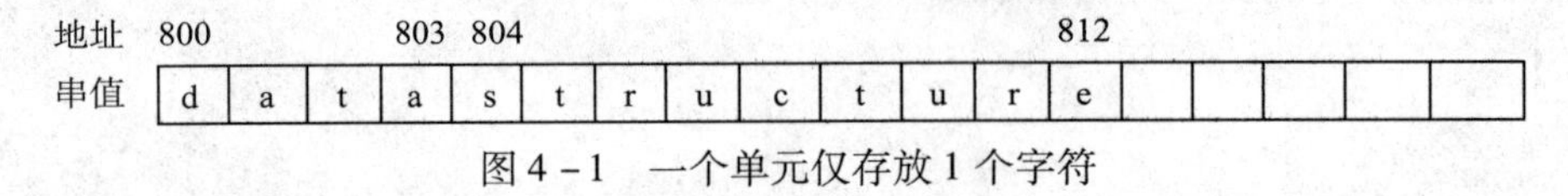

图 4-1 一个单元仅存放 1 个字符

若符号表中每行包含有串名、串值的始地址、尾地址，则如图 4-2（a）所示；也可以不设尾地址，而设置串名、串值的始地址和串的长度值，如图 4-2（b）所示。

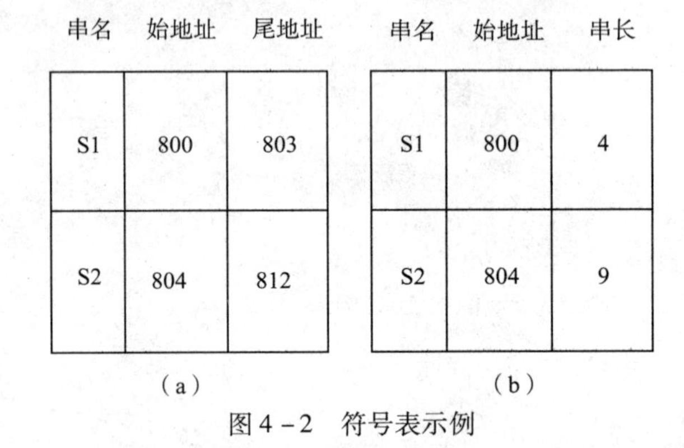

串名	始地址	尾地址
S1	800	803
S2	804	812

（a）

串名	始地址	串长
S1	800	4
S2	804	9

（b）

图 4-2 符号表示例

4.3 串的基本运算及其实现

串的基本运算有赋值、连接、求串长、求自串、求子串在主串中出现的位置、判断两个串是否相等、删除子串等。在本节中，将使用 C#程序来进行这些串运算（串操作）。

4.3.1 串的基本运算

①GetLength（str）求字符串的长度：统计字符串 str 中字符的个数（不包括'\0'），返回字符的个数，若 str 为空串，则返回值为 0。

②Compare（StringDS s）字符串的比较：比较两个字符串 str1、str2。若 str1 < str2，则返回负数；若 str1 > str2，则返回正数；若 str1 = str2，则返回 0。

③SubStr（int index，int len）求子串：从主串的 index 位置起找长度为 len 的子串，若找到，返回该子串；否则，返回空值 NULL。

④Str_Concat（StringDS s2）串的连接：把字符串 str2 接到 str1 后面，str1 最后的结尾

符'\0'被取消。返回 str1。

⑤Str_Inst（int index，StringDS s2）字符串的插入：在字符串 str1 第 index 个位置之前开始，插入字符串 str2。返回 str1。

⑥Delete（int index，int len）字符串的删除：在字符串 str 中，删除从第 index 个字符开始的 len 个长度的子串。

⑦Index（StringDS s）字符串的定位：查找子串 s 在主串中首次出现的位置。如果找到，返回子串 s 在主串中首次出现的位置，否则，返回 -1。

4.3.2　串的基本运算实现

1. 求串长的度

求串的长度就是求串中字符的个数，可以通过求数组 str 的长度来求串的长度。求串的长度的实现如下：

```
public int GetLength(str)
{
  return str.Length;          //通过数组的 Length 属性来返回串的长度
}
```

2. 串的比较

如果两个串的长度相等并且对应位置的字符相同，则串相等，返回 0；如果串 s1 的字符大于串 s2 对应位置的字符，返回 1，若小于，则返回 -1。

说明：需要注意，使用 string. Equals 来比较两个串是否降等的，如，s1. Equals(s2)返回结果为布尔值真或假。而使用 string. Compare 来比较字符串时，返回值有三种情况：<0，=0，>0。

具体实现程序如下：

```
public int Compare(StringDS s)
{
  int len = ((this.GetLength() <= s.GetLength())? this.GetLength():
  s.GetLength());
  int i =0;
  for(i =0; i < len; ++i)
  {
    if(this[i]! = s[i])
    {
       break;
    }
  }
```

```
    if(i <=len)
    {
      if(this[i] <s[i])
      {
        return -1;
      }
      else if(this[i] >s[i])
      {
        return 1;
      }
    }
      else if(this.GetLength() ==s.GetLength())
      {
        return 0;
      }
    else if(this.GetLength() <s.GetLength())
    {
      return -1;
    }
    return 1;
    }
```

3. 求子串

从主串的index位置起，找长度为len的子串，若找到，返回该子串，否则，返回一个空串。

具体算法实现如下：

```
  public StringDS SubStr(int index,int len)
  //len为子串的长度,index开始取的位置
  {
    if((index <0) ||(index >this.GetLength() -1) ||(len <0) ||(len >
this.GetLength() - index))
    {
      Console.WriteLine("Position or Length is error!");
      return null;
    }
    StringDS substr =new StringDS(len);
    //创建一个字符串substr,用来存储取出的字符
    for(int i =0; i <len; ++i)
    {
```

```
        substr[i] = this[i + index - 1];
    }
    return substr;
}
```

4. 字符串的连接

串连接的算法实现如下：

```
public StringDS Str_Concat(StringDS s2)
{
    StringDS s1 = new StringDS(this.GetLength() + s2.GetLength( ));
    //连接后串的长度
    for(int i = 0; i < this.GetLength(); ++i)
    {
      s1.data[i] = this[i];            //s1 原来的部分
    }
    for(int j = 0; j < s2.GetLength(); ++j)
    {
      s1.data[this.GetLength() + j] = s2[j];    //将 s2 连接到 s1 之后
    }
return s1;
}
```

5. 字符串的插入

字符串的插入是在一个串 s1 的某个位置如 index 处插入一个串 s2。如果位置符合条件，则该操作返回一个新串，新串的长度是串 s1 的长度与串 s2 的长度之和，新串的第 1 部分是该串的开始字符到 index 之间的字符，第 2 部分是串 s2，第 3 部分是该串从 index 位置字符到该串的结束位置处的字符。如果位置不符合条件，则返回一个空串。

字符串插入的算法如下：

```
public StringDSStr_Inst(int index,StringDS s2)
{
    int len = s2.GetLength();
    int len2 = len + this.GetLength(); //插入 s2 后新串的长度
    StringDS s1 = new StringDS(len2);
    if(index < 0 ||index > this.GetLength( ) - 1)
    {
        Console.WriteLine("Position is error!");
        return null;
```

```
    }
    for(int i =0; i <index; ++i)
    {
        s1[i] =this[i];            //插入点 index 位置之前的部分
    }
    for(int i =index; i <index +len; ++i)
    {
        s1[i] =s2[i -index];      //将 s2 字符串插入 s1 中
    }
    for(int i =index +len; i <len2; ++i)
    {
        s1[i] =this[i -len];    //原字符串中 index 位置之后的部分
    }
    return s1;
}
```

6. 字符串的删除

字符串删除是把一个串中从第 index 位置起连续的 len 长度个字符的子串从主串中删除掉。如果位置和长度符合条件，则该操作返回一个新串，新串的长度是原串的长度减去 len，新串的前部分是原串的开始到第 index 个位置之间的字符，后部分是原串从第 index + len 个位置到原串结束的字符。如果位置和长度不符合条件，则返回一个空串。

串删除的算法实现如下：

```
public StringDS Delete(int index,int len)
{
  if((index <0) ||(index >this.GetLength() -1) ||(len <0) ||(len >
this.GetLength() -index))
  {
    Console.WriteLine("Position or Length is error!");
    return null;
  }
  StringDS s =new StringDS(this.GetLength() -len);
  for(int i =0; i <index; ++i)
  {
    s[i] =this[i];
  }
  for(int i =index +len; i <this.GetLength(); ++i)
  {
    s[i] =this[i];
```

```
}
return s;
}
```

7. 字符串的定位

串定位的算法实现如下：

```
public int Index(StringDS s)
{
  if(this.GetLength() < s.GetLength())
  {
  Console.WriteLine("There is not string s!");
  return -1;
}
int i =0;
int len = this.GetLength() - s.GetLength();
while(i < len)
{
if(Compare(s) ==0)
{
  break;
}
}
if(i  <= len)
{
  return i;
}
  return -1;
}
```

在 C#中，一个 String 表示一个恒定不变的字符序列集合。String 类型是封闭类型，所以它不能被其他类继承，而它直接继承 object。因此，String 是引用类型，不是值类型，在托管堆上而不是在线程的堆栈上分配空间。String 类型还继承了 IComparable、ICloneable、IConvertible、IComparable <string>、IEnumerable <char>、IEnumerable 和 IEquatable <string> 等接口。String 的恒定性指的是一个串一旦被创建，就不能将其变长、变短或者改变其中任何的字符。所以，当我们对一个串进行操作时，不能改变字符串，如在本书定义的 StringDS 类中，串连接、串插入和串删除等操作的结果都是生成了新串而没有改变原串。C#也提供了 StringBuilder 类型来支持高效地动态创建字符串。

在 C#中，创建串不能用 new 操作符，而是使用一种称为字符串驻留的机制。这是因为 C#语言将 String 看作是基元类型。基元类型是被编译器直接支持的类型，可以在源代码中用文本常量（Literal）来直接表达字符串。当C#编译器对源代码进行编译时，将文本常量字符串存放在托管模块的元数据中。而当CLR初始化时，CLR创建一个空的散列表，其中的键是字符串，值为指向托管堆中字符串对象的引用。散列表就是哈希表，关于散列表的详细介绍见8.4小节。当JIT编译器编译方法时，它会在散列表中查找每一个文本常量字符串。如果找不到，就会在托管堆中构造一个新的String对象（指向字符串），然后将该字符串和指向该字符串对象的引用添加到散列表中；如果找到了，不会执行任何操作。

C#提供的String类型中的方法很多，比如构造器有8个，比较两个字符串的方法有12个，连接字符串的方法有9个。以下列出了该类型中常用的方法，并对每个方法给出了注释。关于String更为详细的介绍，请参考.NET的有关书籍。

```
public sealed class String:IComparable,ICloneable,IConvertible,
IComparable<string>,IEnumerable<char>,IEnumerable,IEquatable
<string>
{
    public String(char[]value);      //将串初始化为由字符数组指示的值
    public static bool operator !=(string a,string b);
   //确定两个指定的String对象是否具有不同的值
    public static bool operator ==(string a,string b);
  //确定两个指定的String对象是否具有同一值
    public object Clone();      //返回对此串的引用
    public int CompareTo(string strB);   //返回与指定的串的排序情况
    public static string Concat(string str0,string str1);
    //连接两个串
    public static string Copy(string str);
    //创建一个与指定的串具有相同值的串
    public bool EndsWith(string value,String
    Comparison comparisonType);
    public int IndexOf(string value);
    //返回指定的串第一个匹配项的索引
    public string Insert(int startIndex,string value);
    //在串的指定索引位置插入一个串
    public string Replace(string oldValue,string newValue);
    //将串的所有匹配项替换为其他指定的串
    public string Substring(int startIndex,int length);
    //从指定的字符位置检索子字符串
    public string ToLower();   //将串中的字符转换为小写形式
    public string ToUpper();   //将串中的字符转换为大写形式
    …
}
```

4.4　实训项目四——学生成绩管理系统

【实训】学生成绩管理系统

1. 实训说明

本实训是关于串的应用，在本实训中主要利用串的链式存储结构，对学生的各项记录动态地存储，并且将结果保存在文件中，可以调用以前的数据，从而加深对串的基本存储方法和基本运算的了解，以及简单的文件操作。

设计要求：可以完成学生数据的输入、输出，并进行简单的管理。

要求实现以下基本功能模块：

①输入学生成绩；③删除学生成绩；④显示所有学生；⑤保存为文本文件；⑥从文件读取。

完成以上模块后，有兴趣的读者可以考虑以下功能模块的实现：

①将文件进行复制；②进行排序；③将学生成绩追加到文本文件；④进行分类汇总。

2. 程序分析

采用链式存储方式，要定义一个学生类：

```
public class Student      /* 定义数据结构 */
 {
   public int no;
   public double math,
   public double english;
   public double csharp,
   public double network;
   public double avg,all;
   public string name;
 }
```

定义以下方法函数：

①public void ShowStuInfo( );

显示学生信息。

②public void Add( );

添加学生信息。

③public void Delete( );

删除学生信息。

④public void Search_no( );

查询学生信息（按学号查询）。

⑤public void Search_name( );

查询学生信息（按姓名查询）。

⑥public void Search_score( )

查询学生成绩。

⑦public void Chech( )

选择菜单。

系统以文本文件保存学生成绩，输入菜单项前的数组符号进入对应的操作项，实现对应的功能。

3. 程序源代码

```
  using System;     //各种 C#包(命名空间)的引入
  using System.Collections.Generic;
  using System.Linq;
  using System.Text;
namespace 学生信息管理
    {
    public class Student
      {       public int no;
              public double math,english;
              public double csharp,network;
              public double avg,all;
              public string name;
  public void ShowStuInfo()        //显示学生信息
    {
          Console.WriteLine("\n 学生信息:");
          Console.WriteLine("学号:{0}",no);
          Console.WriteLine("\t 姓名 :{1}",name);
          Console.WriteLine("\t 数学 :{2}",math);
          Console.WriteLine("\t 英语 :{3}",english);
          Console.WriteLine("\t  C# :{4}",csharp);
          Console.WriteLine("\t 计算机网络 :{5}",network);
          Console.WriteLine("\t 平均成绩 :{6}",avg);
          Console.WriteLine("\t 总成绩 :{7}",all);
          Console.WriteLine();
    }
          }
class Stu_Manage      //定义学生信息管理类
      {
        int x=0;
```

```
        Student[]stud = new Student[10];
        //声明一个结构体类数组,数组名 stud
    public void Add()       //Add( )方法添加学生信息
        {
            Console.WriteLine("请输入要添加的学生信息:");
            Console.WriteLine("\n 请输入学号:");
            stud[x].no = int.Parse(Console.ReadLine());
            Console.WriteLine("\n 请输入姓名:");
            stud[x].name = Console.ReadLine();
            Console.WriteLine("\n 数学成绩:");
            stud[x].math = double.Parse(Console.ReadLine());
            Console.WriteLine("\n 英语成绩:");
            stud[x].english = double.Parse(Console.ReadLine());
            Console.WriteLine("\n C#成绩:");
            stud[x].csharp = double.Parse(Console.ReadLine());
            Console.WriteLine("\n 计算机网络成绩 :");
            stud[x].network = double.Parse(Console.ReadLine());
            double[]inform = new double[]{ stud[x].math,stud[x].eng-
lish,stud[x].csharp,stud[x].network }; //定义一个数组,将输入的成绩存储
        for(int i =0; i < inform.Length; i ++)
        {
            stud[x].all + = inform[i];
            stud[x].avg = stud[x].all /4;
            stud[x].ShowStuInfo();
            x = x +1;
        }
      }
    public void Delete()        //删除学生信息方法
    {
        int n = -1;
        int no = int.Parse(Console.ReadLine());
        for(int i =0; i < x; i ++)
        {
            if(no == stud[i].no)
              { n = i;
                for(int c = n +1; c < x; c ++)
                  {
                stud[c -1] = stud[c]; //交换数组索引值,对指定元素进行删除
```

```
                }
                x = x - 1;
                break;
            }
        }
    }
    public void Search_no()      //按学号查询学生信息
    {
        int n = -1;
        int no = int.Parse(Console.ReadLine());
        for(int i = 0; i < x; i ++)
        {
            if(no == stud[i].no)
            {
                n = i;
                stud[i].ShowStuInfo();
                break;
            }
        }
        if(n == -1)
        {
            Console.WriteLine("输入学号有误,请重新输入!");
        }
    }
  public void Search_name()      //按姓名查询学生信息
        {
        int n = -1;
        string name = Console.ReadLine();
        for(int i = 0; i < x; i ++)
        {
            if(name == stud[i].name)
            {
                n = i;
                stud[i].ShowStuInfo();
                break;
            }
        }
       if(n == -1)
```

```
            }
            Console.WriteLine("输入姓名有误,请重新输入!");
            }
        }
    public void Search_score()        //查询学生成绩
        {
          for(int i =x -1; i > =0; i --)      //使用冒泡法对学生成绩排序
          for(int j =0; j  <=i; j ++)
          {
              if(stud[j].all < stud[j +1].all)
              {
                  stud[x] = stud[j];
                  stud[j] = stud[j +1];
                  stud[j +1] = stud[x];
              }
          }
        int[]mc = new int[x];
        for(int i =0; i <x; i ++)          //使用循环输出排序后的学生成绩
        {
            mc[i] = i +1;
            Console.Write(mc[i] + "\t");
            Console.Write(stud[i].no + "\t");
            Console.Write(stud[i].name + "\t");
            Console.Write(stud[i].math + "\t");
            Console.Write(stud[i].english + "\t");
            Console.Write(stud[i].csharp + "\t");
            Console.Write(stud[i].network + "\t");
            Console.Write(stud[i].avg + "\t");
            Console.Write(stud[i].all + "\t");
            Console.WriteLine();
        }
  }
  public void Chech( )        //选择菜单
        {
          do
            {
            Console.WriteLine("请选择:\n 1.添加学生信息 \n 2.删除学生信
息 \n 3.查询(按学号) \n 4.查询(按姓名) \n 5.查询成绩单 \n 6.退出系统");
```

```
        int number = int.Parse(Console.ReadLine());
    if(number >6 ||number <1)
        {
            Console.WriteLine("输入有误,请重新输入!");
        }
        switch(number)
        {
            case 1:
                Add();
                break;
            case 2:
                Console.WriteLine("请输入要删除的学生学号:");
                Delete();
                break;
            case 3:
                Console.WriteLine("请输入学号:");
                Search_no();
                break;
            case 4:
                Console.WriteLine("请输入姓名:");
                Search_name();
                break;
            case 5:
                Console.WriteLine("成绩单:");
                Console.WriteLine("名次 \t 学号 \t 姓名 \t 数学 \
                        t 英语 \t C#  \t 计算机网络 \t 平均
                        \t 总成绩 ");
                Search_score();
                break;
            case 6:
                Environment.Exit(0);
                break;
        }
        Console.WriteLine("\n 是否要继续!");
    }while(true);
  }
}
```

```
class Program
    {
        static void Main(string[]args)
        {
            Stu_Manage myuser =new Stu_Manage();
            myuser.Chech();
        }
    }
}
```

第5章　数组和广义表

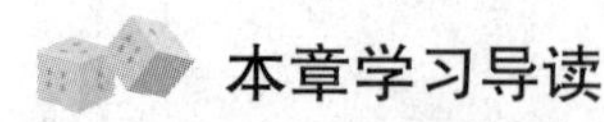

本章学习导读

本章介绍数组的定义及在计算机中的存储表示、简单数组和多维数组的存储及初始化操作、C#程序设计中数组的声明及初始化方法、特殊矩阵在计算机中的压缩存储表示及地址计算公式、稀疏矩阵的三元组表示及转置算法C#语言实现，以及其十字链表表示及相加算法实现，并且对广义表存储结构表示及基本运算进行了探讨。

5.1　数　　组

5.1.1　数组的概念

数组是大家都已经很熟悉的一种数据类型，几乎所有高级程序设计语言中都设定了数组类型。在此，我们将简单讨论数组的逻辑结构及C#语言中数组的声明和初始化方法。

数组是由一组类型相同的数据元素构成，每个数据元素称为一个数组元素（简称元素），每个元素受n个线性关系约束（$n \geq 1$），若它在第1~n个线性关系中的序号分别为i_1，i_2，…，i_n，则称它的下标为i_1，i_2，…，i_n，若该数组的名为A，则记下标为i_1，i_2，…，i_n的元素为$A_{i_1 i_2 \cdots i_n}$，称该数组为n维数组。

另外，可借助线性表的概念递归地定义：

数组定义为一个元素可直接按序号寻址的线性表

$$A = (A_1,\ A_2,\ \cdots,\ A_n)$$

若A_i是简单元素（不是数组），则A是一维数组；若A_i是$k-1$维数组，则A是k维数组。这里，$i=1$，2，…，n，而k是大于0的整数。

在C#中声明数组时，应先定义数组中元素的类型，其后是一个空方括号和一个变量名。例如，下面声明了一个包含整型元素的数组：

```
int[ ]myArray;   //myArray 为数组名
```

5.1.2　数组在计算机内的存放

声明了数组后，就必须为数组分配内存，以保存数组的所有元素。数组是引用类型，所以必须给它分配堆上的内存。为此，应使用new运算符，指定数组中元素的类型和数量来初始化数组的变量。下面指定了数组的大小。

```
myArray =new int[5];  //使用 new 关键字声明具有 5 个元素的数组
```

在声明和初始化后，变量myArray就引用了5个整型值，它们位于托管堆上，如图5-1

所示。

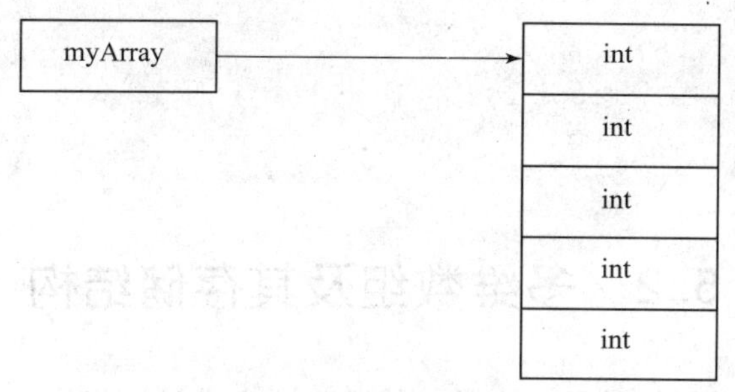

图 5－1　数组在内存中情况

说明：在指定了数组的大小后，如果不复制数组中的所有元素，就不能重新设置数组的大小。如果事先不知道数组中应包含多少个元素，就可以使用集合。

使用 C#编译器还有一种更简化的形式。使用花括号可以同时声明和初始化数组，编译器生成的代码与前面的例子相同：

```
int[]myArray = {4,7,11,2};
```

5.1.3　数组元素的访问

数组在声明和初始化后，就可以使用索引器访问其中的元素了。数组只支持有整型参数的索引器（也称为下标）。在定制的类中，可以创建支持其他类型的索引器。通过索引器传送元素号，就可以访问数组。索引器总是以 0 开头，表示第一个元素。可以传送给索引器的最大值是元素个数减 1，因为索引从 0 开始。在下面的例子中，数组 myArray 用 4 个整型值声明和初始化。用索引器 0、1、2、3 就可以访问该数组中的元素。

```
int[ ]myArray = new int[ ]{3,6,11,9};
int v1 = myArray[0];
int v2 = myArray[1];
myArray[3] = 44;
```

注意：如果使用错误的索引器值（不存在对应的元素），在 C#程序设计中就会抛出 IndexOutOfRangeException（数组越界）类型的异常。这是在使用数组时许多初学者经常出现的错误！

在 C#等高级语言程序设计中，如果不知道数组中的元素个数，则可以在 for 语句中使用数组的 Length 属性，来限制对数组元素的访问，这种方法十分方便。

```
for (int i = 0; i < myArray.Length; i ++)
    {
    Console.WriteLine(myArray[i]);
    }
```

在 C#中除了使用 for 语句迭代数组中的所有元素之外，还可以使用 foreach 语句来循环访问数组中的元素。

```
for(int val in myArray)
{
    Console.WriteLine(val);
}
```

5.2 多维数组及其存储结构

在第5.1节介绍的是最简单最基本的一维数组，它在计算机中是通过一段连续的堆栈空间来存储的，一维数组用一个整数来索引，通过一维的下标来访问。在本节中将讨论二维数组和多维数组的概念及存储结构。

1. 二维数组

二维数组可以看成是向量的推广。例如，设A是一个有m行n列的二维数组，则A可以表示为如图5-2所示形式。

$$A=\begin{bmatrix} a_{00} & a_{01} & \cdots & a_{0n-1} \\ a_{10} & a_{11} & \cdots & a_{1n-1} \\ \vdots & \vdots & & \vdots \\ a_{m-1\,0} & a_{m-1\,1} & \cdots & a_{m-1\,n-1} \end{bmatrix}$$

图5-2 二维数组

在此，可以将二维数组A看成是由m个行向量$[X_0, X_1, \cdots, X_{m-1}]^T$组成，其中，$X_i=(a_{i0}, a_{i1}, \cdots, a_{in-1})$，$0\leqslant i\leqslant m-1$；也可以将二维数组A看成是由n个列向量$[y_0, y_1, \cdots, y_{n-1}]$组成，其中$y_i=(a_{0i}, a_{1i}, \cdots, a_{m-1i})$，$0\leqslant i\leqslant n-1$。由此可知二维数组中的每一个元素最多可有两个直接前驱和两个直接后继（边界除外），故是一种典型的非线性结构。多维数组用两个或多个整数来索引。

图5-3是二维数组的数学记号，该数组有三行三列。第一行的值是1、2和3，第二行的值是4、5和6，第三行是7，8和9。

$$\begin{bmatrix} 1 & 2 & 3 \\ 4 & 5 & 6 \\ 7 & 8 & 9 \end{bmatrix}$$

图5-3 二维数组的数学表示

在C#中声明这个二维数组，需要在括号中加上一个逗号。数组在初始化时应指定每一维的大小（也称为阶）。接着，就可以使用两个整数作为索引器，来访问数组中的元素了。

```
int[,]twodim=new int[3,3];
        twodim[0,0]=1;  twodim[0,1]=2;    twodim[0,2]=3;
        twodim[1,0]=4;  twodim[1,1]=5;    twodim[1,2]=6;
        twodim[2,0]=7;  twodim[2,1]=8;    twodim[2,2]=9;
```

说明：对于二维数组的访问，无论行下标还是列下标，都是从 0 开始的。如果事先知道元素的值，也可以使用数组索引器来初始化二维数组。在初始化数组时，使用一个外层的花括号，每一行用包含在外层花括号中的内层花括号来初始化。

```
int[ ,]twodim = { {1,2,3},{4,5,6},{7,8,9},};
```

2. 多维数组

同理，三维数组的元素最多可有三个直接前驱和三个直接后继，三维以上数组可以做类似分析。因此，可以把三维以上的数组称为多维数组，多维数组的元素可有多个直接前驱和多个直接后继，故多维数组是一种非线性结构。

数组是一个具有固定格式和数量的数据有序集，每一个数据元素由唯一的一组下标来标识，因此，在数组上不能做插入、删除数据元素的操作。通常在各种高级语言中，数组一旦被定义，每一维的大小及上下界都不能改变。在数组中通常做下面两种操作：

①取值操作：给定一组下标，读其对应的数据元素。

②赋值操作：给定一组下标，存储或修改与其相对应的数据元素。

我们着重研究二维和三维数组，因为它们的应用是广泛的，尤其是二维数组。

5.2.1　行优先顺序

1. 存放规则

行优先顺序也称为低下标优先或左边下标优先于右边下标。具体实现时，按行号从小到大的顺序，先将第一行中元素全部存放好，再存放第二行元素、第三行元素等。

在 C#语言等高级程序设计语言中，都是按行优先顺序存放的。例如，对刚才的 $A_{m\times n}$二维数组，可用如下形式存放到内存：a_{00}，a_{01}，…，a_{0n-1}，a_{10}，a_{11}，…，$a_{1\,n-1}$，…，$a_{m-1\,0}$，$a_{m-1\,1}$，…，$a_{m-1\,n-1}$。即二维数组按行优先存放到内存后，变成了一个线性序列（线性表）。如上面介绍过的，在 C#中使用行、列两个下标来访问数组中的元素 twodim [A，B]，这里的 A 表示行下标，B 表示列下标，这种存储方式称为行优先存放规则。

2. 地址计算

假设二维数组 A[m][n]中每个元素需占 L 个存储地址，则该数组中任一元素 a_{ij}在映像区中的存储地址可由下式确定：

$$LOC(a_{ij}) = LOC(a_{00}) + (i\times n + j)\times L$$

其中，$LOC(a_{ij})$为 a_{ij}的存储地址；$LOC(a_{00})$是 a_{00}的存储地址，即二维数组 A 在映像区中的起始地址，称作数组的基地址或基址。

5.2.2　列优先顺序

1. 存放规则

列优先顺序也称为高下标优先或右边下标优先于左边下标。具体实现时，按列号从小到大的顺序，先将第一列中元素全部存放好，再存放第二列元素、第三列元素等。

在早期的程序设计语言中，数组是按列优先顺序存放的。例如，对前面提到的 $A_{m\times n}$二维数组，可以按如下的形式存放到内存：a_{00}，a_{10}，…，a_{m-10}，a_{01}，a_{11}，…，a_{m-11}，…，$a_{0\,n-1}$，$a_{1\,n-1}$，…，$a_{m-1\,n-1}$。即二维数组按列优先存放到内存后，也变成了一个线性序列（线性表）。

2. 地址计算

与行优先存放类似，若知道第一个元素的内存地址，则同样可以求得按列优先存放的某一元素 a_{ij} 的地址，可由下式确定：

$$LOC(a_{ij}) = LOC(a_{00}) + (j \times m + i) \times L$$

$a_{11}a_{12}\cdots a_{1n}a_{21}a_{22}\cdots a_{2n}\cdots a_{m1}a_{m2}\cdots a_{mn}$ 以行为主序，$a_{11}a_{21}\cdots a_{m1}a_{12}a_{22}\cdots a_{m2}\cdots a_{1n}a_{2n}\cdots a_{mn}$ 以列为主序。

5.3 特殊矩阵及其压缩存储

矩阵是一种常见的数学对象，一般来讲，可以使用二维数组存储一个矩阵，但是数值分析中常常出现一些特殊的矩阵，比如在某些矩阵中，相同值的元素或零值元素按照一定规律排列，如对称矩阵、三角矩阵、对角矩阵、稀疏矩阵等，则称此类矩阵为“特殊矩阵”。由于在这类特殊矩阵中有大量的相同元素，如将它们按正常矩阵存储的方法加以处理，必然浪费许多存储空间，这时，从节约存储单元出发，可考虑若干元素共用一个存储单元，即进行压缩存储。所谓压缩存储，是指为多个值相同的元素只分配一个存储空间，而值为零的元素不分配空间。本节主要研究对称矩阵、三角矩阵、对角矩阵及其压缩存储，稀疏矩阵将在下一节介绍。

5.3.1 特殊矩阵

1. 对称矩阵

若一个 n 阶矩阵 A 中元素满足下列条件：

$$a_{ij} = a_{ji}$$

其中 $0 \leqslant i, j \leqslant n-1$，则称 A 为对称矩阵。

例如，图 5－4 是一个 3×3 的对称矩阵。

$$A=\begin{bmatrix}1 & 2 & 3\\ 2 & 5 & 4\\ 3 & 4 & 6\end{bmatrix}$$

图 5－4 一个对称矩阵

2. 三角矩阵

（1）上三角矩阵

即矩阵的上三角部分元素是随机的，而下三角部分元素全部相同（为某常数 C）或全为 0，具体形式如图 5－5（a）所示。

（2）下三角矩阵

即矩阵的下三角部分元素是随机的，而上三角部分元素全部相同（为某常数 C）或全为0，具体形式如图5－5（b）所示。

$$\begin{bmatrix} a_{00} & a_{01} & \cdots & a_{0n-1} \\ c & a_{11} & \cdots & a_{1n-1} \\ \vdots & \vdots & & \vdots \\ c & c & c & a_{n-1n-1} \end{bmatrix} \qquad \begin{bmatrix} a_{00} & c & \cdots & c \\ a_{10} & a_{11} & \cdots & c \\ \vdots & \vdots & & \vdots \\ a_{n-10} & a_{n-11} & \cdots & a_{n-1n-1} \end{bmatrix}$$

（a）　　　　　　　　（b）

图5－5　三角矩阵

（a）上三角矩阵；（b）下三角矩阵

3. 对角矩阵

若矩阵中所有非零元素都集中在以主对角线为中心的带状区域中，区域外的值全为0，则称为对角矩阵。常见的有三对角矩阵、五对角矩阵、七对角矩阵等。

例如：图5－6为7×7的三对角矩阵（即有三条对角线上元素非0）。

$$\begin{bmatrix} a_{00} & a_{01} & 0 & 0 & 0 & 0 & 0 \\ a_{10} & a_{11} & a_{12} & 0 & 0 & 0 & 0 \\ 0 & a_{21} & a_{22} & a_{23} & 0 & 0 & 0 \\ 0 & 0 & a_{32} & a_{33} & a_{34} & 0 & 0 \\ 0 & 0 & 0 & a_{43} & a_{44} & a_{45} & 0 \\ 0 & 0 & 0 & 0 & a_{54} & a_{55} & a_{56} \\ 0 & 0 & 0 & 0 & 0 & a_{65} & a_{66} \end{bmatrix}$$

图5－6　一个7×7的三对角矩阵

5.3.2　压缩存储

1. 对称矩阵

若矩阵$A_{n\times n}$是对称的，对称的两个元素可以共用一个存储单元，这样，原来n阶方阵需n^2个存储单元。若采用压缩存储，仅需$n(n+1)/2$个存储单元，节约将近一半存储单元，这就是实现压缩的好处。但是，将n阶对称方阵存放到一个向量空间s[0]～$s\left[\frac{n(n+1)}{2}-1\right]$中，那么怎样才能找到s[k]与a[i][j]的一一对称应关系呢？在s[k]中直接找到a[i][j]即可。

仅以行优先存放分两种方式讨论：

（1）只存放下三角部分

由于对称矩阵关于主对角线对称，故只需存放主对角线及主对角线以下的元素。这时，a[0][0]存入s[0]，a[1][0]存入s[1]，a[1][1]存入s[2]，……，具体如图5－7所示。这时s[k]与a[i][j]的对应关系为：

$$k=\begin{cases} i(i+1)/2+j, & i\geqslant j \\ j(j+1)/2+i, & i<j \end{cases}$$

上面的对应关系读者很容易推出：当$i\geqslant j$时，a_{ij}在下三角部分，a_{ij}前面有i行，共有$1+2+3+\cdots+i$个元素，而a_{ij}是第i行的第j个元素，即有$k=1+2+3+\cdots+i+j=i(i+1)/2+j$；当$i<j$时，$a_{ij}$在上三角部分，但与$a_{ji}$对称，故只需在下三角部分中找$a_{ji}$即可，即$k=j(j+1)/2+i$。

$$\begin{bmatrix} a_{00} & & & & \\ a_{10} & a_{11} & & & \\ a_{20} & a_{21} & a_{22} & & \\ \cdots & \cdots & \cdots & \cdots & \cdots \\ a_{10-n} & a_{n-11} & a_{n-12} & \cdots & a_{n-1n-1} \end{bmatrix}$$

（a）

0	1	2	3	4	5	6	7	…	$\frac{n(n+1)}{2}-3$	$\frac{n(n+1)}{2}-2$	$\frac{n(n+1)}{2}-1$
a_{00}	a_{10}	a_{11}	a_{20}	a_{21}	a_{22}	a_{30}	a_{31}	…	a_{n-1n-3}	a_{n-1n-2}	a_{n-1n-1}

（b）

图 5－7　对称矩阵及用下三角形式压缩存储

（a）一个下三角矩阵；（b）下三角矩阵的压缩存储形式

（2）只存放上三角部分

对于对称阵，除了用下三角形式存放外，还可以用上三角形式存放，这时 a[0][0]存入 s[0]，a[0][1]存入 s[1]，a[0][2]存入 s[2]，……，具体参见图 5－8。这时 s[k]与 a[i][j]的对应关系可以按下面方法推出：

当 $i \leqslant j$ 时，a_{ij} 在上三角部分，前面共有 i 行，共有 $n + n - 1 + \cdots + n - (i - 1) = i * n - \frac{i(i-1)}{2}$ 个元素，而 a_{ij} 是本行第 $j - i$ 个元素，故 $k = i * n - \frac{i(i-1)}{2} + j - i$；当 $i > j$ 时，交换 i 与 j 即可。故 s[k]与 a[i][j]的对应关系为：

$$k = \begin{cases} i * n - \frac{i(i-1)}{2} + j - i & ,i \leqslant j \\ j * n - \frac{j(j-1)}{2} + i - j & ,i > j \end{cases}$$

$$\begin{bmatrix} a_{00} & a_{01} & a_{02} & \cdots & a_{0n-1} \\ & a_{11} & a_{12} & \cdots & a_{1n-1} \\ & & a_{22} & \cdots & a_{2n-1} \\ \cdots & \cdots & \cdots & \cdots & \cdots \\ & & & & a_{n-1n-1} \end{bmatrix}$$

（a）

0	1	2	3	4	5	6	7	…	$\frac{n(n+1)}{2}-3$	$\frac{n(n+1)}{2}-2$	$\frac{n(n+1)}{2}-1$
a_{00}	a_{01}	a_{02}	a_{03}	a_{04}	a_{05}	a_{06}	a_{07}	…	a_{n-2n-2}	a_{n-2n-1}	a_{n-1n-1}

（b）

图 5－8　对称矩阵及用上三角形式压缩存储

（a）一个上三角矩阵；（b）上三角矩阵的压缩存储形式

2. 三角矩阵

(1) 下三角矩阵

下三角矩阵的压缩存放与对称矩阵用下三角形式存放类似，但必须多一个存储单元存放上三角部分元素，使用的存储单元数目为 $n(n+1)/2+1$。故可以将 $n\times n$ 的下三角矩阵压缩存放到只有 $n(n+1)/2+1$ 个存储单元的向量中，假设仍按行优先存放，这时 s[k] 与 a[i][j] 的对应关系为：

$$k=\begin{cases}i(i+1)/2+j, & i\geqslant j\\ n(n+1)/2, & i<j\end{cases}$$

(2) 上三角矩阵

和下三角矩阵的存储类似，共需 $\frac{n(n+1)}{2}+1$ 个存储单元，假设仍按行优先顺序存放，这时 s[k] 与 a[i][j] 的对应关系为：

$$k=\begin{cases}i*n-\frac{i(i-1)}{2}+j-i, & i\leqslant j\\ n(n+1)/2, & i>j\end{cases}$$

3. 对角矩阵

我们仅讨论三对角矩阵的压缩存储，五对角矩阵、七对角矩阵等读者可以做类似分析。

在一个 $n\times n$ 的三对角矩阵中，只有 $n+n-1+n-1$ 个非零元素，故只需 $3n-2$ 个存储单元即可，零元已不占用存储单元。

故可将 $n\times n$ 的三对角矩阵 A 压缩存放到只有 $3n-2$ 个存储单元的 s 向量中，假设仍按行优先顺序存放，则 s[k] 与 a[i][j] 的对应关系为：

$$k=\begin{cases}3i-1 \text{ 或 } 3j+2, & i=j+1\\ 3i \text{ 或 } 3j, & i=j\\ 3i+1 \text{ 或 } 3j-2, & i=j-1\end{cases}$$

5.4 稀疏矩阵

上节提到的特殊矩阵中，元素的分布呈现某种规律，故一定能找到一种合适的方法，将它们进行压缩存放。但是，在实际应用中，还经常会遇到一类矩阵：零元素数目远远多于非零元素数目，并且非零元素的分布没有规律，这种矩阵称为稀疏矩阵（sparse）。图 5-9 所示为一个 6×8 的稀疏矩阵。

$$M=\begin{bmatrix}2&0&0&0&6&0&0&7\\0&0&1&0&0&0&0&0\\0&0&2&0&0&0&3&0\\0&0&0&0&0&8&0&0\\0&0&0&5&0&0&0&0\\0&9&0&0&0&0&0&0\end{bmatrix}$$

图 5-9　稀疏矩阵

我们无法给出稀疏矩阵的确切定义，一般都只是凭个人的直觉来理解这个概念，即矩阵中非零元素的个数远远小于矩阵元素的总数，并且非零元素没有分布规律。按照压缩存储的概念，要存放稀疏矩阵的元素，由于没有某种规律，除存放非零元素的值外，还必须存储适当的辅助信息，才能迅速确定一个非零元素是矩阵中的哪一个位置上的元素。下面将介绍稀疏矩阵的几种存储方法及一些算法的实现。

5.4.1 稀疏矩阵的存储

1. 三元组表

在压缩存放稀疏矩阵的非零元素的同时，若还存放此非零元素所在的行号和列号，则称为三元组表法，即称稀疏矩阵可用三元组表进行压缩存储，但它是一种顺序存储（按行优先顺序存放）。一个非零元素有行号、列号、值，为一个三元组，整个稀疏矩阵中非零元素的三元组合起来称为三元组表，如图 5 - 10 所示。

6	rows
8	cols
9	td

	r	c	v
0	0	0	2
1	0	4	6
2	0	7	7
3	1	2	1
4	2	2	2
5	2	6	3
6	3	5	8
7	4	3	5
8	5	1	9

图 5 - 10　稀疏矩阵 M 的三元组顺序表

顺序存储结构存储三元组线性表的数据类型的 C#代码如下。

【算法 5.1　三元组线性表的数据类型】

```
struct tupletype<T>
   {    public int r;          //行号
        public int  c;          //列号
        public T v;          //矩阵中元素值
        public tupletype(int i,int j,T v)
        {     this.r=r;
              this.c=c;
              this.v=v;
        }
```

```
}
class spmatrix<T>
{
        int MAX_Num;    //非零元素的最大个数
        int rows; //行数值
        intcols; //列数值
        int td; //非零元素的实际个数
        tupletype<T>[]data;/* 存储非零元素的值及一个表示矩阵行数、列数
                                    和总的非零元素数目的特殊三元组 */
}
```

2. 稀疏矩阵的十字链表实现

十字链表结点分为三类：

①表结点，它由五个域组成，其中 r 和 c 存储的是结点所在的行和列，right 和 down 存储的是指向十字链表中该结点所有行和列的下一个结点的指针，v 用于存放元素值，如图 5－11 所示。

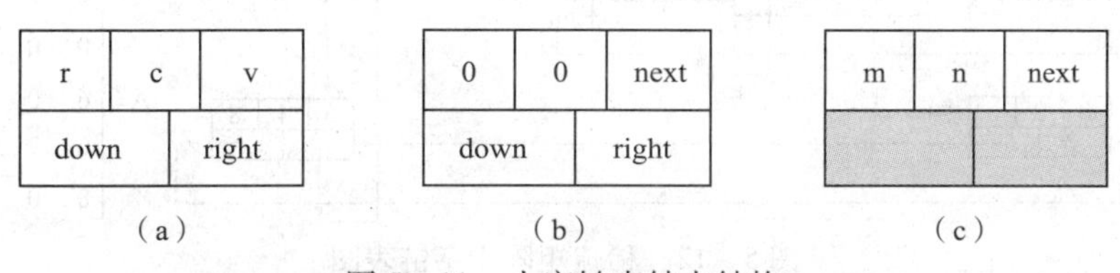

图 5－11　十字链表结点结构

(a) 表结点结构；(b) 行头和列头结点结构；(c) 总表头结点结构

②行头和列头结点，这类结点也由域组成，其中行和列的值均为零，没有实际意义，right 和 down 的域用于在行方向和列方向上指向表结点，next 用于指向下一个行或列的表头结点。

③总表头结点，这类结点与表头结点的结构和形式一样，只是它的 r 和 c 存放的是矩阵的行和列数。

十字链表为稀疏矩阵中的链接存储中的一种较好的存储方法。在该方法中，每一个非零元素用一个结点表示，结点中除了表示非零元素所在的行、列和值的三元组（i，j，v）外，还需增加两个链域：行指针域（rptr），用来指向本行中下一个非零元素；列指针域（cptr），用来指向本列中下一个非零元素。稀疏矩阵中同一行的非零元素通过向右的 rptr 指针链接成一个带表头结点的循环链表。同一列的非零元素也通过 cptr 指针链接成一个带表头结点的循环链表。因此，每个非零元素既是第 i 行循环链表中的一个结点，又是第 j 列循环链表中的一个结点，相当于处在一个十字交叉路口，故称链表为十字链表。

另外，为了运算方便，规定行、列循环链表的表头结点和表示非零元素的结点一样，也定为五个域，且规定行、列域值为 0（因此，为了使表头结点和表示非零元素的表结点不发生混淆，三元组中，输入行和列的下标不能从 0 开始，而必须从 1 开始），并且将所有的行、列链表和头结点一起链成一个循环链表。

在行（列）表头结点中，行、列域的值都为0，故两组表头结点可以共用，即第i行链表和第i列链表共用一个表头结点，这些表头结点本身又可以通过V域（非零元素值域，但在表头结点中为next，指向下一个表头结点）相链接。另外，再增加一个附加结点（由指针［hm］指示，行、列域分别为稀疏矩阵的行、列数目），附加结点指向第一个表头结点，则整个十字链表可由［hm］指针唯一确定。

十字链表的数据类型描述如图5-12所示。

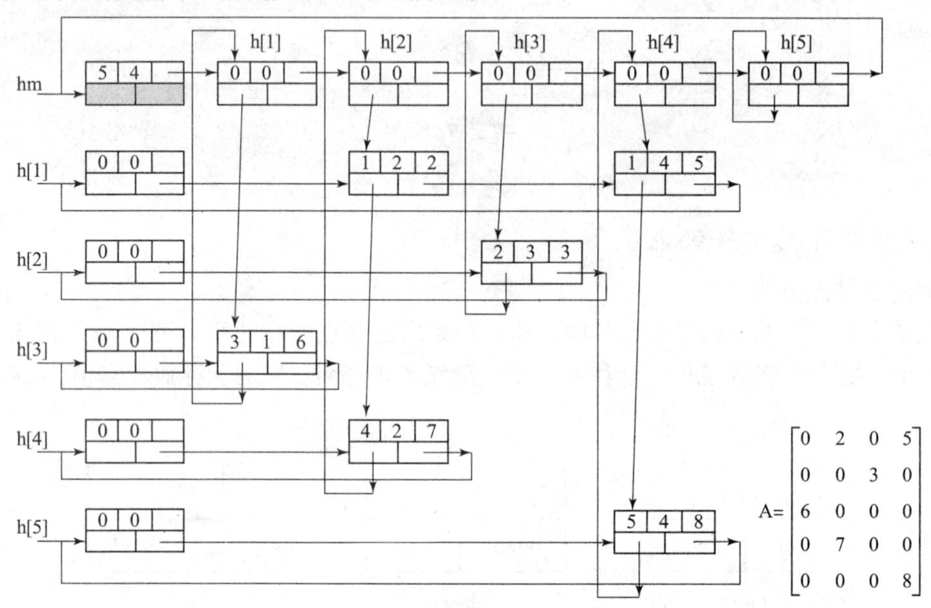

图5-12　稀疏矩阵十字链表图

5.4.2　稀疏矩阵的运算

矩阵运算通常包括矩阵转置、矩阵加、矩阵乘、矩阵求逆等。这里仅讨论最简单的矩阵转置运算算法。矩阵转置运算是矩阵运算中最重要的一项，它是将 $m\times n$ 的矩阵变成另外一个 $n\times m$ 的矩阵，使原来矩阵中元素的行和列的位置互换而值保持不变，即若矩阵N是矩阵M的转置矩阵，则有：

$$M[i][j]=N[j][i](0\leqslant i\leqslant m-1,\ 0\leqslant j\leqslant n-1)$$

三元组表表示转置矩阵的具体方法是：

第一步：根据M矩阵的行数、列数和非零元素总数确定N矩阵的列数、行数和非零元素总数。

第二步：当三元组表非空（M矩阵的非零元素不为0）时，对M中的每一列col（$0\leqslant col\leqslant n-1$），通过从头至尾扫描三元组表data，找出所有列号等于col的那些三元组，将它们的行号和列号互换后依次放入N的data中，即可得到N的按行优先的压缩存储表示。

具体算法描述如下：

【算法5.2　稀疏矩阵转置运算的算法】

```
class spmatrix<T>
    { int MAX_Num; //非零元素的最大个数
```

```
        int rows; //行数值
        int cols;     //列数值
        int td;  //非零元素的实际个数
    tupletype<T>[]data;   /*存储非零元素的值及一个表示矩阵行数、列数和
总的非零元素数目的特殊三元组*/
        public int Rows
        {    get
             { return rows; }
             set
             {  rows=value; }
        }
        public int Cols
        {    get
              { return cols; }
              set
              { cols=value; }
        }
      public int Td
      {get
          { return td; }
       set
          {  td=value; }
      }
          public tupletype<T>[  ]Data     //三元组表的data属性
      {
          get
          {  return data;  }
          set
          { data=value;  }
          }
     public spmatrix() {  }        //初始化三元组顺序表
     public spmatrix(int maxnum,int rows,int cols)
      {      this.MAX_Num=maxnum;
             this.rows=rows;
             this.cols=cols;
             data=new tupletype<T>[MAX_Num];
               }
  public void setData(int c,int l,T v)   //设置三元组表元素的值
```

```
    {
        data[td] = new tupletype<T>(c,l,v);
        td ++;
    }
//矩阵转置算法
public spmatrix<T> Transpose()
{      spmatrix<T> N = new spmatrix<T>();
       int p,q,col;
       N.MAX_Num = MAX_Num;
       N.cols = rows;
       N.rows = cols;
       N.td = td;
       N.data = new tupletype<T>[N.td];
       if(td != 0)
       {
           q = 0; //控制转置矩阵的下标
           for(int i = 0; i < cols; i ++)        //扫描矩阵的列
           {
               for(int p = 0; p < td; p ++) //p 控制被转置矩阵的下标
               {
                   if(data[p].l == col)
                   {
                       N.data[q].c = data[p].l;
                       N.data[q].l = data[p].c;
                       N.data[q].v = data[p].v;
                       q ++;
                   }
               }
           }
       }
         return N;
       }
```

该算法比按列转置多用了辅助向量空间 pot，但它的时间为 2 个嵌套循环，故总的时间复杂度为 O(a. cols + a. terms)。

5.5 广 义 表

5.5.1 基本概念

广义表是第 2 章提到的线性表的推广。线性表中的元素仅限于原子项，即不可以再分，而广义表中的元素既可以是原子项，也可以是子表（另一个线性表）。即广义表中放松对表元素的原子限制，容许它们具有其自身结构。

1. 广义表的定义

广义表是 $n(n \geqslant 0)$ 个元素 a_1，a_2，…，a_i，…，a_n的有限序列。

其中：

①a_i是原子或者是一个广义表。

②广义表通常记作：

$$Ls=(a_1,\ a_2,\ \cdots,\ a_i,\ \cdots,\ a_n)。$$

③Ls 是广义表的名字，n 为它的长度。

④若 a_i是广义表，则称它为 Ls 的子表。

注意：

①广义表通常用圆括号括起来，用逗号分隔其中的元素。

②为了区分原子和广义表，书写时用大写字母表示广义表，用小写字母表示原子。

③若广义表 Ls 非空（$n \geqslant 1$），则 a_1是 Ls 的表头，其余元素组成的表（a_1，a_2，…，a_n）称为 Ls 的表尾。

④广义表是递归定义的

2. 广义表举例

（1）A=()

A 是一个空表，其长度为 0。

（2）L=(a，b)

L 是长度为 2 的广义表，它的两个元素都是原子，因此它是一个线性表。

（3）B=(x，L)=(x，(a，b))

B 是长度为 2 的广义表，第一个元素是原子 x，第二个元素是子表 L。

（4）C=(A，y)=((x，(a，b))，y)

C 是长度为 2 的广义表，第一个元素是子表 A，第二个元素是原子 y。

（5）D=(A，B)=((x，(a，b))，((x，(a，b))，y))

D 的长度为 2，两个元素都是子表。

（6）E=(a，D)=(a，(a，(a，(…))))

E 的长度为 2，第一个元素是原子，第二个元素是 D 自身，展开后它是一个无限的广义表。

3. 广义表的表示方法

①用 $Ls=(a_1,\ a_2,\ \cdots,\ a_n)$ 形式，其中每一个 a_i为原子或广义表。

例如：A=(b，c)

B=(a，A)

E=(a，E)

都是广义表。

②将广义表中所有子表写成原子形式，并利用圆括号嵌套。

例如，上面提到的广义表 A、B、E 可以描述为：

A(b，c)

B(a，A(b，c))

E(a，E(a，E(…)))

③将广义表用树和图来描述。

上面提到的广义表 A、B、E 的描述如图 5－13 所示。

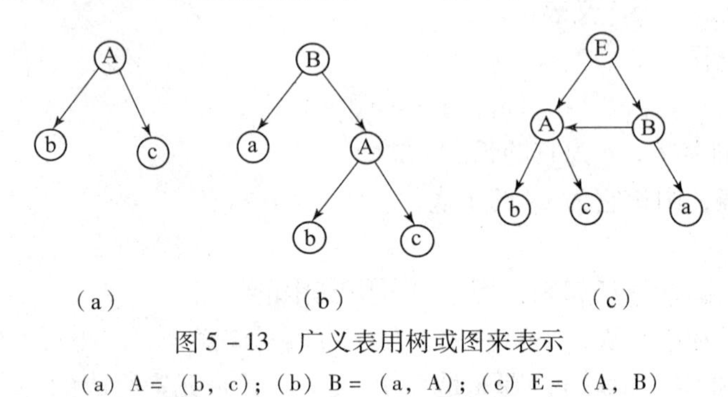

图 5－13　广义表用树或图来表示

(a) A＝(b，c)；(b) B＝(a，A)；(c) E＝(A，B)

4. 广义表的深度

一个广义表的深度是指该广义表展开后所含括号的层数。

例如，A＝(b，c) 的深度为 1，B＝(A，d) 的深度为 2，C＝(f，B，h) 的深度为 3。

5. 广义表的分类

①线性表：元素全部是原子的广义表。

②纯表：与树对应的广义表，如图 5－13（a）和（b）所示。

③再入表：与图对应的广义表（允许结点共享），如图 5－13（c）所示。

④递归表：允许有递归关系的广义表，例如 E＝(a，E)。

这四种表的关系满足：递归表⊃再入表⊃纯表⊃线性表。

5.5.2 基本运算

以下的相关算法主要介绍通过 C#程序设计语言来实现广义表的相关操作，包括广义表的创建、广义表的输出、广义表的深度、广义表的反序。通过具体 C#程序的实现来加深对广义表的理解和学习。

1. 广义表的创建

【算法 5.3　广义表的创建算法】

```
using System;
using System.Collections.Generic;
using System.Linq;
using System.Text;
namespace GuangYiNode
{
```

```
    public class GLNode {
public GLNode<char>_Root;
        private char[]_CharArray;
        private int i=0;  //用于通过递归调用实现广义表
        public GLNode(string item) { this._CharArray=item.
         ToCharArray(); }
      public GLNode<char>Create( )      //创建广义表的方法
      {
           GLNode<char>node=null;
          char t=this._CharArray[i++];  //获取广义表中的元素
             if(i <=this._CharArray.Length)
          {
               node=new GLNode<char>();
               switch(t)
               {       case'(':
                       node.Type=NodeType.List;
                       node.Item=Create();  //递归调用实现广义表
                       break;
                  case')':
                       node=null;
                       break;
                  default:
                       node.Type=NodeType.Atom;
                       node.Item=t;
                       break;
               }
          }
          else
              { return CreateReturn(node); }
              if(i ==this._CharArray.Length)
            return CreateReturn(node);
            t=this._CharArray[i++];  //获取下一个元素
            if(node !=null)
          {
              switch(t)
              {
                  case',':
                       node.Next=Create();
```

```
                        break;
                    default:
                        node.Next = null;
                        break;
                }
            }
            return CreateReturn(node);
        }
        private GLNode<char>CreateReturn(GLNode<char>node)
            { return this._Root = node; }
    }
```

该算法主要通过递归调用实现广义表的定义、创建一个广义表。

2. 广义表的输出

【算法 5.4　广义表的创建算法】

说明：该程序所在类的声明部分为算法 5.3 中的相关代码，本程序只是定义了一个 Write( )方法用于输出广义表中的元素。

```
public string Write( )
        {  return this.Write(this._Root);  }
  public string Write(GLNode<char>node)
      {
      StringBuilder sb = new StringBuilder();
      switch(node.Type)
      { case NodeType.Atom:
              sb.AppendFormat("{0}",node.Item.ToString());
              break;
          case NodeType.List:
              sb.Append('(');
              if(node.Item != null)
                  sb.Append(Write((GLNode<char>)node.Item));
              sb.Append(')');
              break;
      }
      if(node.Next != null)
      {   sb.Append(",");
          sb.Append(Write(node.Next));
      }
      return sb.ToString();
    }
```

3. 广义表的深度

说明：该程序所在类的声明部分为算法 5.3 中的相关代码，本程序只是定义了一个 GetDepth( )方法用于输出广义表中的深度。

```
public int Depth
        {
          get
          { return GetDepth(this._Root);
           }
  }
  public int GetDepth(GLNode < char >node)
      {
          int max,depth;
            if(node == null) return 1;
            if(node.Next == null && node.Item == null) return 1;
          for(max = 0; node ! = null; node = node.Next)
          {
            if(node.Type == NodeType.List)
            {
                depth = GetDepth((GLNode < char >)node.Item);
           if(depth >max) max = depth;
             }
          }
        return max +1;
      }
```

4. 广义表的反序

【算法 5.5　稀疏矩阵转置运算的算法】

说明：该程序所在类的声明部分为算法 5.3 中的相关代码，本程序只是定义了一个 Reverse( )方法用于广义表中的反序。

```
  public GLNode < char >Reverse(GLNode < char >node)
          {
             if(IsEmpty(node)) return null;
             switch(node.Type)
             {  case NodeType.Atom:
                      if(node.Next ! = null)
                         node = Append(Reverse(GetTail(node)),GetH-
ead(node));
```

```
                    break;
                case NodeType.List:
                        node = Append(Reverse(GetTail(node)),new GL-
Node<char>()
    {Item=Reverse((GLNode<char>)node.Item),Type=NodeType.List});
                    break;
            }
            return node;
        }
        public GLNode<char>Append(GLNode<char>head,GLNode<
char>tail)
        {
            if(IsEmpty(head)) return tail;
            var pre=head;
            var cur=head.Next;
            while(cur!=null)
            {    pre=cur;
                cur=cur.Next;
                }
            pre.Next=tail;
            return head;
    }
```

5.6 实训项目五——矩阵乘法

【实训】稀疏矩阵乘法运算

1. 实训说明

数组是一种常用的数据类型，本实训是有关两个稀疏矩阵进行相乘的应用，通过对本实训的学习，可以理解矩阵的相关操作方法。

2. 程序分析

在本实训的实例程序中，假设两个稀疏矩阵 A 和 B，它们均为 m 行 n 列，要求编写求矩阵的乘法即 C=A*B 的算法（C 矩阵存放 A 与 B 相乘的结果）。我们利用一维数组来存储。一维数组顺序存放非零元素的行号、列号和数值，行号 -1 作为结束标志。在进行矩阵乘法运算时，依次扫描矩阵 A 和 B 的行列值，并以行优先。当行列相同时，将第三个元素值相乘的结果以及行列号三个元素存入结果数组 C 中；不相同时，将 A 或 B 的三个元素直接存入结果数组中。

3. 程序源代码

```
using System;      //各种C#包(命名空间)的引入
using System.Collections.Generic;
using System.Linq;
using System.Text;
public class MatrixMultiply
{
public static void Main()
{
    int a,b,c,d;
    Console.WriteLine("该程序将求出两个矩阵的积:");
    Console.WriteLine("请指定矩阵A的行数:");
    a = int.Parse(Console.ReadLine());
    Console.WriteLine("请指定矩阵A的列数:");
    b = int.Parse(Console.ReadLine());
    int[,]MatrixA = new int [a,b];
    for(int i =0;i < a;i ++)
      {
        for(int j =0;j < b;j ++)
        {
                Console.WriteLine("请输入矩阵A第{0}行第{1}列的值:",i +
1,j +1);
                MatrixA[i,j] = int.Parse(Console.ReadLine());
        }
      }
      Console.WriteLine("矩阵A输入完毕.");
      Console.WriteLine("请指定矩阵B的行数:");
      c = int.Parse(Console.ReadLine());
      Console.WriteLine("请指定矩阵B的列数:");
      d = int.Parse(Console.ReadLine());
      int[,]MatrixB = new int [c,d];
      for(int i =0;i < c;i ++)
       {
        for(int j =0;j < d;j ++)
        {
                Console.WriteLine("请输入矩阵A第{0}行第{1}列的值:",i +
1,j +1);
                MatrixB[i,j] = int.Parse(Console.ReadLine());
```

```
      }
    }
    Console.WriteLine("矩阵 B 输入完毕.");
    Console.WriteLine("矩阵 A 为:");
    outputMatrix(MatrixA,a,b);
    Console.WriteLine("矩阵 B 为:");
    outputMatrix(MatrixB,c,d);
    if(b! =c)
      {
        Console.WriteLine("矩阵 A 的列数与矩阵 B 的行数不相等,无法进行乘
积运算!");
        return;
      }
    else
      {
        Console.WriteLine("矩阵 A 与矩阵 B 的乘积为:");
      }
      int[,]MatrixC =new int [a,d];
      for(int i =0; i <a; i ++)
      {
        for(int j =0; j <d; j ++)
         {
            MatrixC[i,j] =0;
            for(int k =0; k <b; k ++)
              {
                MatrixC[i,j] + =MatrixA[i,k] * MatrixB[k,j];
              }
         }
      }
    outputMatrix(MatrixC,a,d);
    }
    private static void outputMatrix(int[,]MatrixX, int rowCount,
int columnCount)
    {
    for(int i =0; i <rowCount; i ++)
    {
    for(int j =0; j <columnCount; j ++)
    {
```

```
            Console.Write(MatrixX[i,j] + " \t");
          }
          Console.WriteLine();
        }
      }
    }
```

本章小结

本章主要介绍的内容简述如下：

数组的定义及在计算机内的存储。多维数组在计算机中有两种存放形式：行优先和列优先。

行优先规则是左边下标变化最慢，右边下标变化最快，右边下标变化一遍，与之相邻的左边下标才变化一次；列优先规则是右边下标变化最慢，左边下标变化最快，左边下标变化一遍，与之相邻的右边下标才变化一次。

对称矩阵关于主对角线对称。为节省存储单元，可以进行压缩存储，对角线以上的元素和对角线以下的元素可以共用存储单元，故 $n \times n$ 的对称矩阵只需$\frac{n(n+1)}{2}$个存储单元即可。

三角矩阵有上三角矩阵和下三角矩阵之分，为节省内存单元，可以采用压缩存储，$n \times n$ 的三角矩阵进行压缩存储时，只需$\frac{n(n+1)}{2}+1$个存储单元即可。

稀疏矩阵的非零元素排列无任何规律，为节省内存单元，进行压缩存储时，可以采用三元组表示方法，即存储非零元素的行号、列号和值。若干个非零元素有若干个三元组，若干个三元组称为三元组表。

广义表为线性表的推广，里面的元素可以为原子，也可以为子表，故广义表的存储采用动态链表较方便。

习　题

1. 按行优先存储方式，写出三维数组 A[3][2][4]在内存中的排列顺序及地址计算公式（假设每个数组元素占用L个字节的内存单元，a[0][0][0]的内存地址为Loc(a[0][0][0])）。

2. 按列优先存储方式，写出三维数组 A[3][2][4]在内存中的排列顺序及地址计算公式（假设每个数组元素占用L个字节的内存单元，a[0][0][0]的内存地址为Loc(a[0][0][0])）。

3. 设有上三角矩阵 $A_{n \times n}$，它的下三角部分全为0，将其上三角元素按行优先存储方式存入数组B[m]中（m足够大），使得B[k] = a[i][j]，且有 k = f1(i) + f2(j) + c。试推出函数f1、f2及常数c（要求f1和f2中不含常数项）。

4. 若矩阵 $A_{m \times n}$中的某个元素 A[i][j]是第i行中的最小值，同时又是第j列中的最大值，则称此元素为该矩阵中的一个马鞍点。假设以二维数组存储矩阵 $A_{m\times n}$，试编写求出矩阵中所有马鞍点的算法，并分析你的算法在最坏情况下的时间复杂度。

5. 试写一个算法，查找十字链表中某一非零元素 x。

6. 给定矩阵 A 如图 5 - 14 所示，写出它的三元组表和十字链表。

$$A=\begin{bmatrix}1&0&0&0&0\\0&0&2&3&0\\0&4&0&0&5\\0&0&0&0&0\\0&0&0&0&6\end{bmatrix}$$

图 5 - 14 矩阵

7. 对上题的矩阵，画出它的带行指针的链表，并给出算法来建立它。

8. 试编写一个以三元组形式输出，用十字链表表示的稀疏矩阵中非零元素及其下标的算法。

9. 给定一个稀疏矩阵，如图 5 - 15 所示。

$$\begin{bmatrix}11&0&0&0&0&-9&0\\0&23&0&0&7&0&0\\0&0&5&8&0&0&2\\0&0&0&0&0&0&0\\1&6&0&33&88&0&0\\0&0&4&0&0&0&0\\0&0&0&0&0&0&99\\65&0&78&0&0&86&0\end{bmatrix}$$

图 5 - 15 稀疏矩阵

用快速转置实现该稀疏矩阵的转置，写出转置前后的三元组表及开始的每一列第一个非零元的位置 pot[col]的值。

10. 广义表是线性结构还是非线性结构？为什么？

11. 求下列广义表的运算结果。

（1） head((p,h,w))

（2） tail((b,k,p,h))

（3） head(((a,b),(c,d)))

（4） tail(((b),(c,d)))

（5） head(tail(((a,b),(c,d))))

（6） tail(head(((a,b),(c,d))))

（7） head(tail(head(((a,d),(c,d)))))

（8） tail(head(tail(((a,b),(c,d)))))

12. 画出下列广义表的图形表示。

（1） A(b,(A,a,C(A)),C(A))

（2） D(A( ),B(e),C(a,L(b,c,d)))

13. 画出第 12 题的广义表的单链表表示法和双链表表示法。

第6章　树

本章学习导读

我们已经学习了多种线性数据结构，本章将了解一类重要的非线性数据结构——树(Tree) 形结构。直观看来，这树是以分支关系定义的层次结构，这种结构在客观世界和计算机领域都有着广泛的应用。例如，人类社会的族谱和各种社会组织机构都可以用树来形象地表示，操作系统管理的文件目录结构也是一种树形结构。本章讨论了树形结构的相关内容，读者应重点掌握树的概念、二叉树的概念、存储结构和遍历运算等相关操作、树和森林与二叉树的转换，以及二叉排序树、哈夫曼树等典型树形结构的应用。

6.1　树的结构定义与基本操作

6.1.1　树的定义及相关术语

1. 树的定义

树（Tree）是 n（n≥0）个有限数据元素的集合。当 n = 0 时，称这棵树为空树。在一棵非树 T 中：

①有一个特殊的数据元素称为树的根结点，根结点没有前驱结点。

②若 n > 1，除根结点之外的其余数据元素被分成 m(m > 0）个互不相交的集合 T1，T2，…，Tm，其中每一个集合 Ti(1≤i≤m）本身又是一棵树。树 T1，T2，…，Tm 称为这个根结点的子树。

可以看出，在树的定义中用了递归概念，即用树来定义树。因此，树结构的算法类同于二叉树结构的算法，也可以使用递归方法。

树的定义还可形式化地描述为二元组的形式：

$$T = (D, R)$$

其中，D 为树 T 中结点的集合，R 为树中结点之间关系的集合。

当树为空树时，D = ∅；当树 T 不为空树，有

$$D = \{Root\} \cup DF$$

其中，Root 为树 T 的根结点，DF 为树 T 的根 Root 的子树集合。DF 可由下式表示：

$$DF = D1 \cup D2 \cup \cdots \cup Dm \text{ 且 } Di \cap Dj = \varnothing (i \neq j,\ 1 \leq i \leq m,\ 1 \leq j \leq m)$$

当树 T 中结点个数 n≤1 时，R = ∅；当树 T 中结点个数 n > 1 时，有

$$R = \{ <Root,\ ri>,\ i = 1,\ 2,\ \cdots,\ m\}$$

其中，Root 为树 T 的根结点；ri 是树 T 的根结点 Root 的子树 Ti 的根结点。

树定义的形式化，主要用于树的理论描述。

图6－1（a）是一棵具有9个结点的树，即T＝{A，B，C，…，H，I}，结点A为树T的根结点，除根结点A之外的其余结点分为两个不相交的集合：T1＝{B，D，E，F，H，I}和T2＝{C，G}，T1和T2构成了结点A的两棵子树，T1和T2本身也分别是一棵树。例如，子树T1的根结点为B，其余结点又分为三个不相交的集合：T11＝{D}，T12＝{E，H，I}和T13＝{F}。T11、T12和T13构成了子树T1的根结点B的三棵子树。如此可继续向下分为更小的子树，直到每棵子树只有一个根结点为止。

从树的定义和图6－1（a）的示例可以看出，树具有下面两个特点：

树的根结点没有前驱结点，除根结点之外的所有结点有且只有一个前驱结点。

树中所有结点可以有零或多个后继结点。

由此特点可知，图6－1（b）、（c）、（d）所示的都不是树结构。

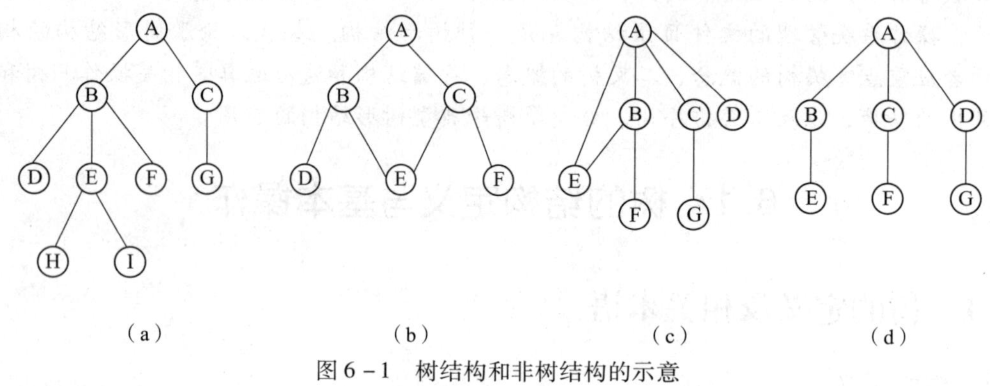

图6－1 树结构和非树结构的示意

（a）一棵树结构；（b）～（d）一个非树结构

2. 相关术语

在二叉树中介绍的有关概念在树中仍然适用。除此之外，再介绍两个关于树的术语。

①有序树和无序树。如果一棵树中结点的各子树从左到右是有次序的，即若交换了某结点各子树的相对位置，则构成不同的树，称这棵树为有序树；反之，则称为无序树。

②森林。零棵或有限棵不相交的树的集合称为森林。自然界中树和森林是不同的概念，但在数据结构中，树和森林只有很小的差别。任何一棵树，删去根结点就变成了森林。

6.1.2 树的表示方法

树的表示方法有以下四种，各用于不同的目的。

1. 直观表示法

树的直观表示法就是以倒着的分支树的形式表示，图6－1（a）就是一棵树的直观表示，其特点就是对树的逻辑结构的描述非常直观，是数据结构中最常用的树的描述方法。

2. 嵌套集合表示法

所谓嵌套集合，是指一些集合的集体。对于其中任何两个集合，或者不相交，或者一个包含另一个。用嵌套集合的形式表示树，就是将根结点视为一个大的集合，其若干棵子树构成这个大集合中若干个互不相交的子集，如此嵌套下去，即构成一棵树的嵌套集合表示。图6－2（a）就是一棵树的嵌套集合表示。

3. 凹入表示法

树的凹入表示法如图6－2（c）所示。

树的凹入表示法主要用于树的屏幕和打印输出。

4. 广义表表示法

树用广义表表示，就是将根作为由子树森林组成的表的名字写在表的左边，这样依次将树表示出来。图6－2（b）就是一棵树的广义表表示。

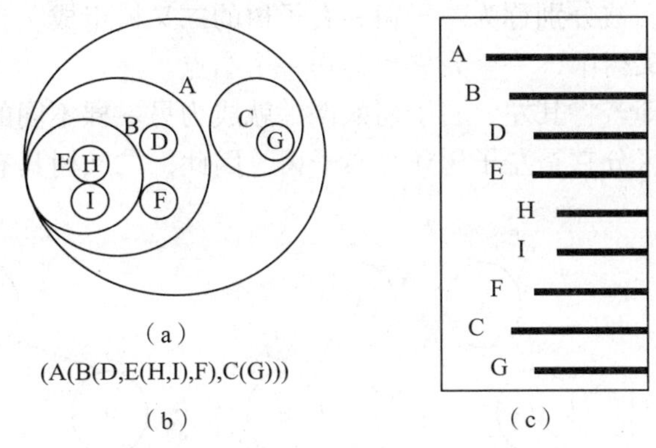

图6－2　图6－1（a）所示树的其他三种表示法示意

6.1.3　树的基本操作

树的操作很多，比如访问根结点，得到结点的值，求结点的双亲结点、某个子结点和某个兄弟结点。又比如，插入一个结点作为某个结点的最左子结点、最右子结点等。删除结点也是一样。也可按照某种顺序遍历一棵树。在这些操作中，有些操作是针对结点的（访问父亲结点、兄弟结点或子结点），有些操作是针对整棵树的（访问根结点、遍历树）。如果像前面几种数据结构用接口表示树的操作，就必须把结点类的定义写出来。但本章的重点不是树而是二叉树，所以，树的操作不用接口来表示，只给出操作的名称和功能。

树的基本操作通常有以下10种。

①Root()：求树的根结点，如果树非空，返回根结点，否则返回空。

②Parent(t)：求结点t的双亲结点。如果t的双亲结点存在，返回双亲结点，否则返回空。

③Child(t,i)：求结点t的第i个子结点。如果存在，返回第i个子结点，否则返回空。

④RightSibling(t)：求结点t第一个右边兄弟结点。如果存在，返回第一个右边兄弟结点，否则返回空。

⑤Insert(s,t,i)：把树s插入树中作为结点t的第i棵子树。成功返回true，否则返回false。

⑥Delete(t,i)：删除结点t的第i棵子树。成功返回第i棵子树的根结点，否则返回空。

⑦Traverse(TraverseType)：按某种方式遍历树。

⑧Clear()：清空树。

⑨IsEmpty()：判断树是否为空树。如果是空树，返回true，否则返回false。

⑩GetDepth()：求树的深度。如果树不为空，返回树的层次，否则返回0。

6.2　二　叉　树

6.2.1　二叉树的定义

二叉树（Binary Tree）是有限元素的集合，该集合或者为空，或者由一个称为根（root）的元素及两个不相交的、被分别称为左子树和右子树的二叉树组成。当集合为空时，称该二叉树为空二叉树。在二叉树中，一个元素也称作一个结点。

二叉树是有序的，即若将其左、右子树颠倒，就成为另一棵不同的二叉树。即使树中结点只有一棵子树，也要区分它是左子树还是右子树。因此，二叉树具有5种基本形态，如图6－3所示。

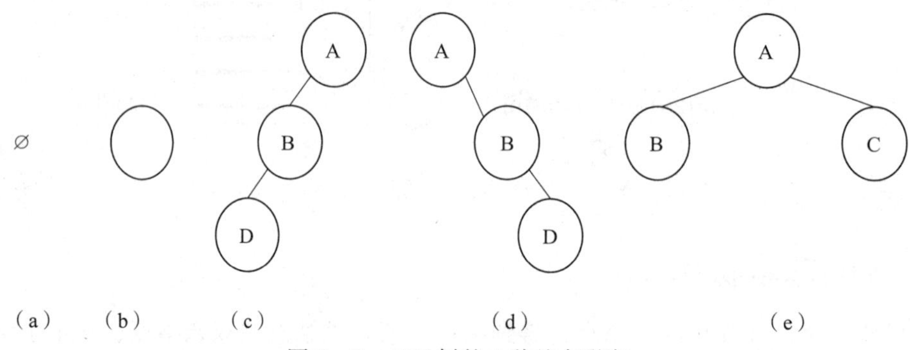

图6－3　二叉树的5种基本形态

6.2.2　二叉树的性质

性质1：一棵非空二叉树的第i层上最多有2i－1个结点（i≥1）。

该性质可由数学归纳法证明。证明过程略。

性质2：一棵深度为k的二叉树中，最多有2k－1个结点。

证明：设第i层的结点数为x_i(1≤i≤k)，深度为k的二叉树的结点数为M，x_i最多为2i－1，则有

$$M = \sum_{i=1}^{k} X_i \leqslant \sum_{i=1}^{k} 2^{i-1} = 2^{k-1}$$

性质3：对于一棵非空的二叉树，如果叶子结点数为n_0，度数为2的结点数为n_2，则有

$$n_0 = n_2 + 1$$

证明：设n为二叉树的结点总数，n_1为二叉树中度为1的结点数，则有

$$n = n_0 + n_1 + n_2 \tag{6-1}$$

在二叉树中，除根结点外，其余结点都有唯一的进入分支。设B为二叉树中的分支数，那么，有

$$B = n - 1 \tag{6-2}$$

这些分支是由度为1和度为2的结点发出的，一个度为1的结点发出一个分支，一个度

为 2 的结点发出两个分支，所以有

$$B = n_1 + 2n_2 \quad (6-3)$$

综合式（6－1）~式（6－3）可以得到

$$n_0 = n_2 + 1$$

性质 4：具有 n 个结点的完全二叉树的深度 k 为 $[\log_2 n] + 1$。

证明：根据完全二叉树的定义和性质 2 可知，当一棵完全二叉树的深度为 k、结点个数为 n 时，有

$$2k-1-1 < n \leqslant 2k-1$$

即

$$2k-1 \leqslant n < 2k$$

对不等式取对数，有

$$k-1 \leqslant \log_2 n < k$$

由于 k 是整数，所以 $k = [\log_2 n] + 1$。

性质 5：对于具有 n 个结点的完全二叉树，如果按照从上至下和从左到右的顺序对二叉树中的所有结点从 1 开始顺序编号，则对于任意序号为 i 的结点，有：

①如果 $i > 1$，则序号为 i 的结点的双亲结点的序号为 $i/2$（“/”表示整除）；如果 $i = 1$，则序号为 i 的结点是根结点，无双亲结点。

②如果 $2i \leqslant n$，则序号为 i 的结点的左孩子结点的序号为 2i；如果 $2i > n$，则序号为 i 的结点无左孩子结点。

③如果 $2i + 1 \leqslant n$，则序号为 i 的结点的右孩子结点的序号为 $2i + 1$；如果 $2i + 1 > n$，则序号为 i 的结点无右孩子结点。

此外，若对二叉树的根结点从 0 开始编号，则相应的 i 号结点的双亲结点的编号为 $(i-1)/2$，左孩子的编号为 $2i+1$，右孩子的编号为 $2i+2$。

此性质可采用数学归纳法证明。证明过程略。

6.2.3　二叉树的存储结构

1. 顺序存储结构

所谓二叉树的顺序存储，就是用一组连续的存储单元存放二叉树中的结点。一般是按照二叉树结点从上至下、从左到右的顺序存储。这样结点在存储位置上的前驱后继关系并不一定就是它们在逻辑上的邻接关系，然而只有通过一些方法确定某结点在逻辑上的前驱结点和后继结点，这种存储才有意义。因此，依据二叉树的性质，完全二叉树和满二叉树采用顺序存储比较合适，树中结点的序号可以唯一地反映出结点之间的逻辑关系，这样既能够最大可能地节省存储空间，又可以利用数组元素的下标值确定结点在二叉树中的位置，以及结点之间的关系。

对于一般的二叉树，如果仍按从上至下和从左到右的顺序将树中的结点顺序存储在一维数组中，则数组元素下标之间的关系不能够反映二叉树中结点之间的逻辑关系，只有增添一些并不存在的空结点，使之成为一棵完全二叉树的形式，然后再用一维数组顺序存储。显然，这种存储对于需增加许多空结点才能将一棵二叉树改造为一棵完全二叉树的存储，会造成空间的大量浪费，不宜用顺序存储结构。

2. 链式存储结构

所谓二叉树的链式存储结构，是指用链表来表示一棵二叉树，即用链来指示元素的逻辑关系。通常有下面两种形式。

（1）二叉链表存储

链表中每个结点由三个域组成，除了数据域外，还有两个指针域，分别用来给出该结点左孩子和右孩子所在的链结点的存储地址。结点的存储的结构为：

lchild	data	rchild

其中，data 域存放某结点的数据信息；lchild 与 rchild 分别存放指向左孩子和右孩子的指针，当左孩子或右孩子不存在时，相应指针域值为空（用符号∧或 NULL 表示）。

（2）三叉链表存储

每个结点由四个域组成，具体结构为：

lchild	data	rchild	parent

其中，data、lchild 以及 rchild 三个域的意义同二叉链表结构；parent 域为指向该结点双亲结点的指针。这种存储结构既便于查找孩子结点，又便于查找双亲结点；但是，相对于二叉链表存储结构而言，它增加了空间开销。

尽管在二叉链表中无法由结点直接找到其双亲，但由于二叉链表结构灵活，操作方便，对于一般情况的二叉树，甚至比顺序存储结构还节省空间。因此，二叉链表是最常用的二叉树存储方式。本书后面所涉及的二叉树的链式存储结构，如不加特别说明，都是指二叉链表结构。

二叉树的二叉链表的结点类有 3 个成员字段：数据域字段 data、左孩子引用域字段 lChild 和右孩子引用域字段 rChild。二叉树的二叉链表的结点类的实现如下所示。

```
public class Node<T>
{
    private T data;                    //数据域
    private Node<T> lChild;            //左孩子
    private Node<T> rChild;            //右孩子
    //构造器
    public Node(T val,Node<T> lp,Node<T> rp)
    {
        data = val;
        lChild = lp;
        rChild = rp;
    }
    //构造器
```

```
public Node(Node<T>lp,Node<T>rp)
{
    data=default(T);
    lChild=lp;
    rChild=rp;
}
//构造器
public Node(T val)
{
    udata=val;
    lChild=null;
    rChild=null;
}
//构造器
public Node()
{
    data=default(T);
    lChild=null;
    rChild=null;
}
//数据属性
public T Data
{
    get
    {
        return data;
    }
    set
    {
        value=data;
    }
}
//左孩子属性
public Node<T>LChild
{
    get
    {
        return lChild;
```

```
            }
            set
            {
                lChild = value;
            }
        }
        //右孩子属性
        public Node<T> RChild
        {
            get
            {
                return rChild;
            }
            set
            {
                rChild = value;
            }
        }
    }
```

下面只介绍不带头结点的二叉树的二叉链表的类 BiTree<T>。BiTree<T>类只有一个成员字段 head 表示头引用。以下是 BiTree<T>类的实现。

```
    public class BiTree<T>
    {
        private Node<T> head; //头引用
        //头引用属性
        public Node<T> Head
        {
            get
            {
                return head;
            }
            set
            {
                head = value;
            }
        }
        //构造器
```

```
public BiTree()
{
    head = null;
}
//构造器
public BiTree(T val)
{
    Node<T> p = new Node<T>(val);
    head = p;
}
//构造器
public BiTree(T val,Node<T> lp,Node<T> rp)
{
    Node<T> p = new Node<T>(val,lp,rp);
    head = p;
}
//判断是否是空二叉树
public bool IsEmpty()
{
    if(head == null)
    {
        return true;
    }
    else
    {
        return false;
    }
}
//获取根结点
public Node<T> Root()
{
    return head;
}
//获取结点的左孩子结点
public Node<T> GetLChild(Node<T> p)
{
    return p.LChild;
}
```

```
//获取结点的右孩子结点
public Node<T>GetRChild(Node<T>p)
{
    return p.RChild;
}
//将结点p的左子树插入值为val的新结点
//原来的左子树成为新结点的左子树
public void InsertL(T val,Node<T>p)
{
    Node<T>tmp=new Node<T>(val);
    tmp.lChild=p.lChild;
    p.lChild=tmp;
}
//将结点p的右子树插入值为val的新结点
//原来的右子树成为新结点的右子树
public void InsertR(T val,Node<T>p)
{
    Node<T>tmp=new Node<T>(val);
    tmp.rChild=p.rChild;
    p.RChild=tmp;
}
//若p非空,删除p的左子树
public Node<T>DeleteL(Node<T>p)
{
    if((p==null)||(p.lChild==null))
    {
        return null;
    }
    Node<T>tmp=p.lChild;
    p.lChild=null;
    return tmp;
}
//若p非空,删除p的右子树
public Node<T>DeleteR(Node<T>p)
{
    if((p==null)||(p.rChild==null))
    {
        return null;
```

```
            }
            Node<T> tmp = p.rChild;
            p.rChild = null;
            return tmp;
        }
        //判断是否是叶子结点
        public bool IsLeaf(Node<T> p)
        {
            if((p != null) && (p.lChild == null) && (p.rChild == null))
            {
                return true;
            }
            else
            {
                return false;
            }
        }
    }
```

6.3 遍历二叉树

二叉树的遍历是指按照某种顺序访问二叉树中的每个结点，使每个结点被访问一次且仅被访问一次。

遍历是二叉树中经常要用到的一种操作。因为在实际应用问题中，常常需要按一定顺序对二叉树中的每个结点逐个进行访问，查找具有某一特点的结点，然后对这些满足条件的结点进行处理。

通过一次完整的遍历，可使二叉树中结点信息由非线性排列变为某种意义上的线性序列。也就是说，遍历操作使非线性结构线性化。

由二叉树的定义可知，一棵二叉树由根结点、根结点的左子树和根结点的右子树三部分组成。因此，只要依次遍历这三部分，就可以遍历整个二叉树。若以 D、L、R 分别表示访问根结点、遍历根结点的左子树、遍历根结点的右子树，则二叉树的遍历方式有六种：DLR、LDR、LRD、DRL、RDL 和 RLD。如果限定先左后右，则只有前三种方式，即 DLR（称为先序遍历）、LDR（称为中序遍历）和 LRD（称为后序遍历）。

由于树的定义是递归的，所以遍历算法也采用递归实现。下面分别介绍这四种算法，并把它们作为 BiTree <T>类成员方法。

6.3.1 先序遍历

先序遍历的递归过程为：若二叉树为空，遍历结束。否则，

①访问根结点；
②先序遍历根结点的左子树；
③先序遍历根结点的右子树。
先序遍历二叉树的递归算法如下：

```
public void PreOrder(Node<T> root)
{
  //根结点为空
  if(root == null)
  {
    return;
  }
  //处理根结点
  Console.WriteLine("{0}",root.data);
  //先序遍历左子树
  PreOrder(root.lChild);
  //先序遍历右子树
  PreOrder(root.rChild);
}
```

6.3.2 中序遍历

中序遍历的递归过程为：若二叉树为空，遍历结束。否则，
①中序遍历根结点的左子树；
②访问根结点；
③中序遍历根结点的右子树。
中序遍历二叉树的递归算法如下：

```
public void InOrder(Node<T> root)
{
  //根结点为空
  if(root == null)
  {
      return;
  }
  //中序遍历左子树
  InOrder(root.lChild);
  //处理根结点
  Console.WriteLine("{0}",root.data);
  //中序遍历右子树
  InOrder(root.rChild);
}
```

6.3.3 后序遍历

后序遍历的递归过程为：若二叉树为空，遍历结束。否则，

①后序遍历根结点的左子树；

②后序遍历根结点的右子树。

③访问根结点；

后序遍历二叉树的递归算法如下：

```
public void PostOrder(Node<T>root)
{
//根结点为空
if(root==null)
{
  return;
}
//后序遍历左子树
PostOrder(root.lChild);
//后序遍历右子树
PostOrder(root.rChild);
//处理根结点
Console.WriteLine("{0}",root.data);
}
```

6.3.4 层次遍历

所谓二叉树的层次遍历，是指从二叉树的第一层（根结点）开始，从上至下逐层遍历，在同一层中，则按从左到右的顺序对结点逐个访问。

层序遍历的基本思想是：由于层序遍历结点的顺序是先遇到的结点先访问，与队列操作的顺序相同，所以，在进行层序遍历时，设置一个队列，将根结点引用入队，当队列非空时，循环执行以下三步：

①从队列中取出一个结点引用，并访问该结点；

②若该结点的左子树非空，将该结点的左子树引用入队；

③若该结点的右子树非空，将该结点的右子树引用入队。

层序遍历的算法实现如下：

```
public void LevelOrder(Node<T>root)
{
    //根结点为空
    if(root==null)
    {
      return;
```

```
        }
        //设置一个队列保存层序遍历的结点
        CSeqQueue<Node<T>>sq=new CSeqQueue<Node<T>>(50);
        //根结点入队
        sq.In(root);
        //队列非空,结点没有处理完
        while(! sq.IsEmpty())
        {
            //结点出队
            Node<T>tmp=sq.Out();
            //处理当前结点
            Console.WriteLine("{o}",tmp);
            //将当前结点的左孩子结点入队
            if(tmp.LChild!=null)
            {
                sq.In(tmp.LChild);
            }
            //将当前结点的右孩子结点入队
            if(tmp.RChild!=null)
            {
                sq.In(tmp.RChild);
            }
        }
    }
```

6.4 哈夫曼树

6.4.1 哈夫曼树的定义

最优二叉树，也称哈夫曼（Haffman）树，是指对于一组带有确定权值的叶结点，构造的具有最小带权路径长度的二叉树。

那么什么是二叉树的带权路径长度呢？

在前面介绍过路径和结点的路径长度的概念，而二叉树的路径长度则是指由根结点到所有叶结点的路径长度之和。如果二叉树中的叶结点都具有一定的权值，则可将这一概念加以推广。设二叉树具有 n 个带权值的叶结点，那么从根结点到各个叶结点的路径长度与相应结点权值的乘积之和叫作二叉树的带权路径长度，记为：

$$WPL = \sum_{k=1}^{n} W_k \cdot L_k$$

其中，W_k为第 k 个叶结点的权值；L_k为第 k 个叶结点的路径长度。如图 6－4 所示的二叉树，它的带权路径长度值 WPL＝2×2＋4×2＋5×2＋3×2＝28。

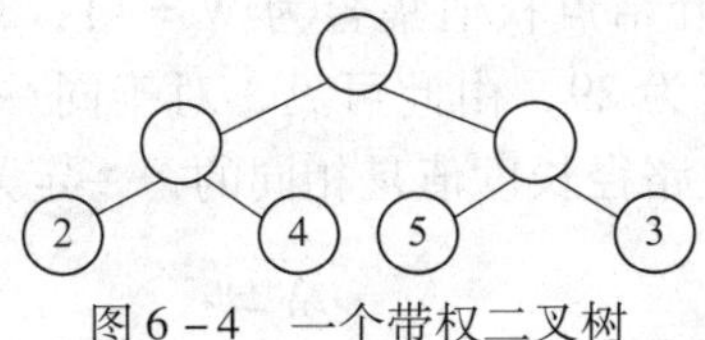

图 6－4　一个带权二叉树

给定一组具有确定权值的叶结点，可以构造出不同的带权二叉树。例如，给出 4 个叶结点，设其权值分别为 1，3，5，7，可以构造出形状不同的多个二叉树。这些形状不同的二叉树的带权路径长度将各不相同。图 6－5 给出了其中 5 个不同形状的二叉树。

这五棵树的带权路径长度分别为：

（a）WPL＝1×2＋3×2＋5×2＋7×2＝32

（b）WPL＝1×3＋3×3＋5×2＋7×1＝29

（c）WPL＝1×2＋3×3＋5×3＋7×1＝33

（d）WPL＝7×3＋5×3＋3×2＋1×1＝43

（e）WPL＝7×1＋5×2＋3×3＋1×3＝29

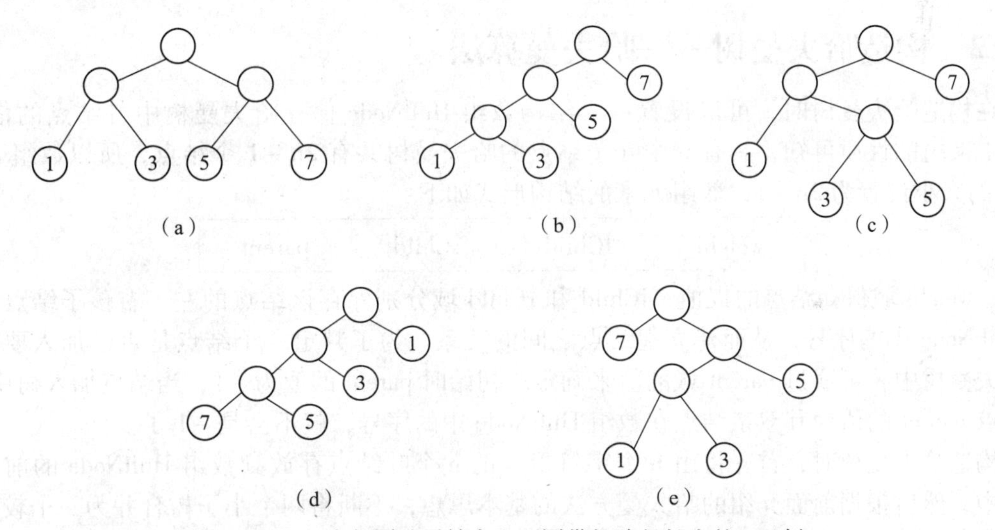

图 6－5　具有相同叶子结点和不同带权路径长度的二叉树

由此可见，由相同权值的一组叶子结点所构成的二叉树有不同的形态和不同的带权路径长度，那么如何找到带权路径长度最小的二叉树（即哈夫曼树）呢？根据哈夫曼树的定义，一棵二叉树要使其 WPL 值最小，必须使权值越大的叶结点越靠近根结点，而权值越小的叶结点越远离根结点。哈夫曼（Haffman）依据这一特点提出了一种方法，这种方法的基本思想是：

①由给定的 n 个权值｛W1，W2，…，Wn｝构造 n 棵只有一个叶结点的二叉树，从而得到一个二叉树的集合 F＝｛T1，T2，…，Tn｝；

②在 F 中选取根结点的权值最小和次小的两棵二叉树作为左、右子树构造一棵新的二叉树，这棵新的二叉树根结点的权值为其左、右子树根结点权值之和；

③在集合 F 中删除作为左、右子树的两棵二叉树，并将新建立的二叉树加入集合 F 中；

④重复②、③两步，当 F 中只剩下一棵二叉树时，这棵二叉树便是所要建立的哈夫曼树。

图 6 - 6 给出了前面提到的叶结点权值集合为 W = {1，3，5，7} 的哈夫曼树的构造过程。可以计算出其带权路径长度为 29，由此可见，对于同一组给定叶结点所构造的哈夫曼树，树的形状可能不同，但带权路径长度值是相同的，一定是最小的。

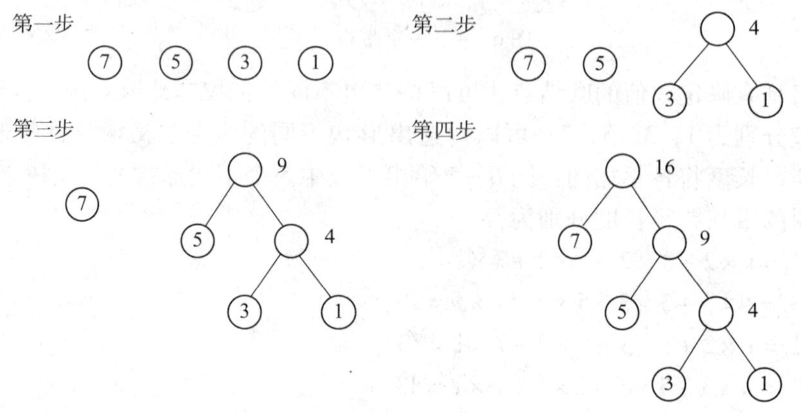

图 6 - 6　哈夫曼树的建立过程

6.4.2　构造哈夫曼树——哈夫曼算法

在构造哈夫曼树时，可以设置一个结构数组 HuffNode 保存哈夫曼树中各结点的信息，根据二叉树的性质可知，具有 n 个叶子结点的哈夫曼树共有 2n - 1 个结点，所以数组 HuffNode 的大小设置为 2n - 1，数组元素的结构形式如下：

weight	lChild	rChild	parent

其中，weight 域保存结点的权值；lChild 和 rChild 域分别保存该结点的左、右孩子结点在数组 HuffNode 中的序号，从而建立起结点之间的关系。为了判定一个结点是否已加入要建立的哈夫曼树中，可通过 parent 域的值来确定。初始时 parent 的值为 - 1，当结点加入树中时，该结点 parent 的值为其双亲结点在数组 HuffNode 中的序号，就不会是 - 1 了。

构造哈夫曼树时，首先将由 n 个字符形成的 n 个叶结点存放到数组 HuffNode 的前 n 个分量中，然后根据前面介绍的哈夫曼方法的基本思想，不断将两个小子树合并为一个较大的子树，每次构成的新子树的根结点顺序放到 HuffNode 数组中的前 n 个分量的后面。

结点类 Node 的定义如下：

```
public class Node
{
    private int weight; //结点权值
    private int lChild; //左孩子结点
    private int rChild; //右孩子结点
    private int parent; //父结点
    //结点权值属性
    public int Weight
```

```
{
    get
    {
        return weight;
    }
    set
    {
        weight = value;
    }
}
//左孩子结点属性
public intLChild
{
    get
    {
        return lChild;
    }
    set
    {
        lChild = value;
    }
}
//右孩子结点属性
public intRChild
{
    get
    {
        return rChild;
    }
    set
    {
        rChild = value;
    }
}
//父结点属性
public int Parent
{
    get
```

```
            {
                return parent;
            }
            set
            {
                parent = value;
            }
        }
        //构造器
        public Node()
        {
            weight = 0;
            lChild = -1;
            rChild = -1;
            parent = -1;
        }
        //构造器
        public Node(int w,int lc,int rc,int p)
        {
            weight = w;
            lChild = lc;
            rChild = rc;
            parent = p;
        }
    }
```

哈夫曼树类 HuffmanTree 中只有一个成员方法 Create，它的功能是输入 n 个叶子结点的权值，创建一棵哈夫曼树。哈夫曼树类 HuffmanTree 的实现如下。

```
    public class HuffmanTree
    {
        private Node[]data; //结点数组
        private int leafNum; //叶子结点数目
        //索引器
        public Node this[int index]
        {
            get
            {
                return data[index];
```

```
        }
        set
        {
            data[index] = value;
        }
    }
    //叶子结点数目属性
    public int LeafNum
    {
        get
        {
            return leafNum;
        }
        set
        {
          leafNum = value;
        }
    }
    //构造器
    public HuffmanTree(int n)
    {
        data = new Node[2 * n - 1];
        leafNum = n;
    }
    //创建哈夫曼树
    public void Create()
    {
        int m1;
        int m2;
        int x1;
        int x2;
        //输入 n 个叶子结点的权值
        for(int i = 0; i < this.leafNum; ++i)
        {
            data[i].Weight = Console.Read();
        }
        //处理 n 个叶子结点,建立哈夫曼树
        for(int i = 0; i < this.leafNum - 1; ++i)
```

```
            {
                max1 = max2 = Int32.MaxValue;
                tmp1 = tmp2 = 0;
                //在全部结点中找权值最小的两个结点
                for(int j = 0; j < this.leafNum + i; ++j)
                {
                    if((data[i].Weight < max1)
                         &&(data[i].Parent == -1))
                    {
                         max2 = max1;
                         tmp2 = tmp1;
                         tmp1 = j;
                         max1 = data[j].Weight;
                    }
                    else if((data[i].Weight < max2)
                              &&(data[i].Parent == -1))
                    {
                         max2 = data[j].Weight;
                         tmp2 = j;
                    }
                }
            data[tmp1].Parent = this.leafNum + i;
            data[this.leafNum + i].Weight = data[tmp1].Weight
            + data[tmp2].Weight; data[this.leafNum + i].
            LChild = tmp1; data[this.leafNum + i].RChild = tmp2;
        }
    }
}
```

6.4.3 哈夫曼树的应用

在数据通信中，通常需要把要传送的文字转换为由二进制字符0和1组成的二进制串，这个过程称为编码（Encoding）。例如，要传送的电文为DCBBADD，电文中只有A、B、C、D四种字符，若这四个字符采用图6-7（a）所示的编码方案，则电文的代码为11100101001111，代码总长度为14；若采用图6-7（b）所示的编码方案，则电文的代码为0110101011100，代码总长度为13。

字符	码
A	00
B	01
C	10
D	11

(a)

字符	码
A	111
B	10
C	110
D	0

(b)

图6-7　字符集的不同编码方案

哈夫曼树可用于构造总长度最短的编码方案。具体构造方法如下：设需要编码的字符集为｛d1，d2，…，dn｝，各个字符在电文中出现的次数或频率集合为｛w1，w2，…，wn｝。以d1，d2，…，dn作为叶子结点，以w1，w2，…，wn作为相应叶子结点的权值来构造一棵哈夫曼树。规定哈夫曼树中的左分支代表0，右分支代表1，则从根结点到叶子结点所经过的路径分支组成的0和1的序列，便为该结点对应字符的编码，即哈夫曼编码（Huffman Encoding）。

图6-8就是电文DCBBADD的哈夫曼树，其编码就是图6-7（b）中所列。在建立不等长编码时，必须使任何一个字符的编码都不是另一个编码的前缀，这样才能保证译码的唯一性。例如，若字符A的编码是00，字符B的编码是001，那么字符A的编码就成了字符B的编码的后缀。这样，对于代码串001001，在译码时就无法判定是将前两位码00译成字符A还是将前三位码001译成B。这样的编码称为具有二义性的编码，二义性编码是不唯一的。而在哈夫曼树中，每个字符结点都是叶子结点，它们不可能在根结点到其他字符结点的路径上，所以一个字符的哈夫曼编码不可能是另一个字符的哈夫曼编码的前缀，从而保证了译码的非二义性。

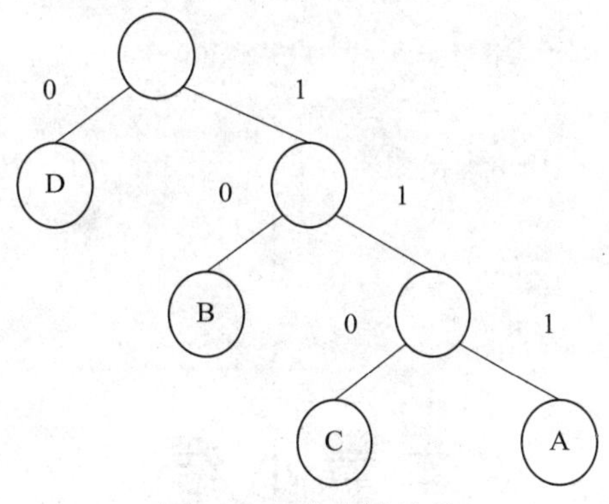

图6-8　哈夫曼编码

6.5　实训项目六——二叉树的应用

【实训】在二叉树中查找值为value的结点

1. 实训说明

编写算法，在二叉树中查找值为value的结点。

2. 程序分析

算法思路：在二叉树中查找具有某个特定值的结点就是遍历二叉树。对于遍历到的结点，判断其值是否等于 value，如果是，则返回该结点，否则返回空。本节例题的算法都作为 BiTree <T>的成员方法。

3. 程序源代码

该实例程序的源代码如下：

```
Node<T> Search(Node<T> root,T value)
{
    Node<T> p = root;
    if(p == null)
    {
        return null;
    }
    if(! p.Data.Equals(value))
    {
        return p;
    }
    if(p.LChild != null)
    {
        return Search(p.LChild,value);
    }
    if(p.RChild != null)
    {
        return Search(p.RChild,value);
    }
    return null;
}
```

本章小结

树形结构是一种非常重要的非线性结构，树形结构中的数据元素称为结点，它们之间是一对多的关系，既有层次关系，又有分支关系。树形结构有树和二叉树两种。

树是递归定义的，树由一个根结点和若干棵互不相交的子树构成，每棵子树的结构与树相同，通常树指无序树。树的逻辑表示通常有四种方法，即直观表示法、凹入表示法、广义表表示法和嵌套表示法。树的存储方式有 3 种，即双亲表示法、孩子链表表示法和孩子兄弟表示法。

二叉树的定义也是递归的，二叉树由一个根结点和两棵互不相交的子树构成，每棵子树的结构与二叉树相同，通常二叉树指有序树。重要的二叉树有满二叉树和完全二叉树。二叉树的性质主要有5条。二叉树的存储结构主要有三种：顺序存储结构、二叉链表存储结构和三叉链表存储结构，本书给出了二叉链表存储结构的C#实现。二叉树的遍历方式通常有四种：先序遍历（DLR）、中序遍历（LDR）、后序遍历（LRD）和层序遍历（Level Order）。

哈夫曼树是一组具有确定权值的叶子结点的具有最小带权路径长度的二叉树。哈夫曼树可用于解决最优化问题，在数据通信等领域应用很广。

习　题

1. 树和二叉树的区别是什么？

2. 试找出满足下列条件的所有二叉树。

（1）先序序列和中序序列相同；

（2）后序序列和中序序列相同；

（3）先序序列和后序序列相同。

3. 已知一棵二叉树的先序序列和中序序列分别为ABCDEFG和CBEDAFG，试画出这棵二叉树。

4. 高度为h的完全二叉树中，最多有多少个结点？最少有多少个结点？

第7章　图

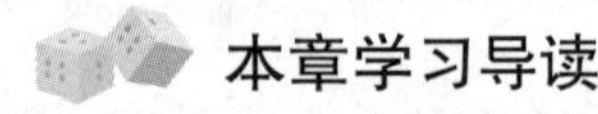

本章学习导读

本章介绍了图的基本定义和术语、图的存储结构和图的遍历，重点介绍了最小生成树、最短路径和拓扑排序。读者学习本章后应能掌握图的定义和存储结构，掌握图的遍历方法，并了解寻找最短路径的方法等。

7.1　基本定义和术语

图（Graph）是一种较为复杂的数据结构，是一种图状结构，比线性表和数更为复杂的数据结构。在图中，任何结点都可以相互建立联系，可以任意连接，图中的任意两个结点之间都有可能相关。近年来，信息社会飞速发展，图的应用更为广泛，已渗透到逻辑学、物理、化学、语言学、计算机科学、人文科学和自然科学以及数学中。

1. 图的定义

图由非空的顶点（Vertices）集合和描述顶点之间的关系——边（Edge）或弧（Arc）的集合组成。其形式化定义为：

$$G=(V,\ E)$$
$$V=\{V_i \mid V_i \in \text{dataobject}\}$$
$$E=\{(V_i,\ V_j) \mid V_i,\ V_j \in V \land P(V_i,\ V_j)\}$$
$$\cdots$$

其中，G表示一个图；V是图G中全部顶点组成的非空集合；E是图G中全部边的集合，集合E中$P(V_i,\ V_j)$表示顶点V_i和顶点V_j之间有一条直接连线，即偶对$(V_i,\ V_j)$表示一条边。通常，也将图G的顶点集和边集分别记为V(G)和E(G)。E(G)可以是空集，若E(G)为空，则图G只有顶点而没有边，称为空图。图7-1给出了一个图的示例。

2. 图的相关术语

（1）无向图

在图7-1所示无向图G_1中，G_1表示图，V_1，V_2，V_3，V_4，V_5是顶点，此图中：

$$V(G_1)=\{V_1,\ V_2,\ V_3,\ V_4,\ V_5\}$$
$$E(G_1)=\{(V_1,\ V_2),\ (V_2,\ V_3),\ (V_3,\ V_4),\ (V_3,\ V_5),\ (V_4,\ V_5)\}$$

在集合$E(G_1)$中，表示的是顶点之间有边相连，如$(V_1,\ V_2)$，表示顶点V_1和V_2相连，两个顶点用圆括号表示，V_1和V_2是一组无序对，此种图被称为无向图（Undigraph）。

（2）有向图

在图7-2所示有向图G_2中，G_2表示图，V_1，V_2，V_3，V_4，V_5是顶点，此图顶点集和

边集分别为：

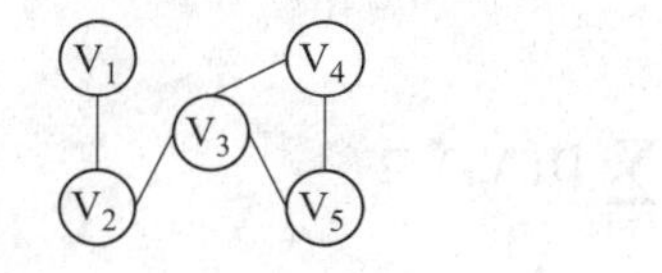

图7-1　无向图 G_1

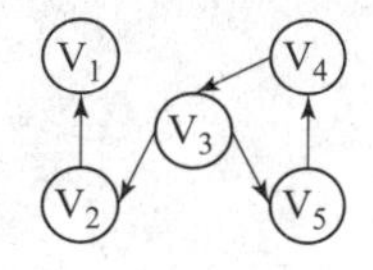

图7-2　有向图 G_2

$$V(G_2)=\{V_1, V_2, V_3, V_4, V_5\}$$

$$E(G_2)=\{<V_3, V_5>, <V_5, V_4>, <V_4, V_3>, <V_3, V_2>, <V_2, V_1>\}$$

在图中，如果任意两个点构成的偶对（V_i，V_j）$\in E$ 是有序的，即顶点之间的连线是有方向的，此种图称为有向图（Digraph）。在有向图中，一条有向边是由两个顶点组成的有序对，有序对的两个顶点通常用尖括号表示。例如，$<V_3, V_5>$表示一条有向边，V_3是边的始点（起点），V_5是边的终点。因此，$<V_3, V_5>$和$<V_5, V_3>$是两条不同的有向边。

（3）顶点、边、弧、弧头、弧尾

在图7-1和图7-2中，数据元素 V_1，V_2，V_3，V_4，V_5都是顶点（Vertex）。

在无向图中，$P(V_i, V_j)$ 表示在顶点 V_i和顶点 V_j之间有一条直接连线，这条线称为边（Edge）。

在有向图中，$P<V_i, V_j>$表示在顶点 V_i和顶点 V_j之间有一条有方向的连线，这条线称为弧（Arc）。如图7-2中，$P<V_5, V_4>$是一个有序对，第一个结点 V_5是初始点，不带箭头的一端也被称为弧尾（Tail）；第二个结点 V_4是终点，带箭头的一端也被称为弧头（Head）。

（4）无向完全图、有向完全图

在无向图中，如果任意两个顶点之间都有一条线相连，则称该图为无向完全图（Undirected Complete Graph）。在一个含有 n 个顶点的无向完全图中，有 $n(n-1)/2$ 条边。

在有向图中，如果任意两个顶点之间都有方向互为相反的两条弧相连接，则称该图为有向完全图（Directed Complete Graph）。在一个含有 n 个顶点的有向完全图中，有 $n(n-1)$ 条边。

（5）顶点的度、入度、出度

在无向图中，顶点 V 的度（Degree）是跟该顶点关联的边的数量，记作 D(V)。如果有一个有向图 G，G 中有一个顶点 V，以顶点 V 为终点的边的数量，就是 V 的入度（Indegree），记为 ID(V)；以顶点 V 为起始点的边的数量，就是 V 的出度（outdegree），记为 OD(V)；顶点 V 的度则定义为该顶点的入度和出度之和，即 $TD(V)=ID(V)+OD(V)$。

【例7-1】　在图7-1无向图 G_1和图7-2有向图 G_2中找出各个顶点的入度和出度。

在图7-1无向图 G_1中有：

$$TD(V_1)=1 \quad TD(V_2)=2 \quad TD(V_3)=3 \quad TD(V_4)=2 \quad TD(V_5)=2$$

在图7-2有向图 G_2中有：

$$ID(V_1)=1 \quad OD(V_1)=0 \quad TD(V_1)=1$$

$$ID(V_2)=1 \quad OD(V_2)=1 \quad TD(V_2)=2$$

$$ID(V_3)=1 \quad OD(V_3)=2 \quad TD(V_3)=3$$

$$ID(V_4)=1 \quad OD(V_4)=1 \quad TD(V_4)=2$$

$$ID(V_5)=1 \quad OD(V_5)=1 \quad TD(V_5)=2$$

可以证明，对于具有 n 个顶点、e 条边的图，顶点 V_i 的度 TD(Vi) 与顶点的个数以及边的数目满足关系：

$$e = \sum_{i=1}^{n} D(V_i)/2$$

（6）边的权、网图

有时图的边或者弧，具有与它相关的数，这种与边或弧有关的数，称为权（weight）。在实际应用中，权值是有意义的，它表示一个顶点到另外一个顶点的距离或耗资。比如，在一个反映城市交通线路的图中，边上面的权值可以表示该条线路的长度或者路面等级；在一个电子电路图中，边上的权值可以表示两个端点之间的电阻、电流或电压值；在工程进度图方面，边上的权值可以表示从前一个工程到后一个工程所需要的时间或耗资等。边上带权的图称为网或网络（network）。如果边是有方向的带权的图，则就是一个有向网图。

【例 7-2】 如图 7-3 所示的无向网图，查看各条边的特点和权值。

比如无向图中的边没有方向，（V_2，V_3）边的权值是 4。

（7）路径、路径长度

顶点 V_i 到顶点 V_j 之间的路径（path）是指顶点序列 V_i，V_1，V_2，…，V_n，V_j。其中，（V_i，V_1），（V_1，V_2），…，（V_n，V_j）分别都是图中的边。路径上边的数量被称为路径长度。图 7-1 所示的无向图 G_1 中，$V_1 \to V_2 \to V_3 \to V_5 \to V_4$ 与 $V_1 \to V_2 \to V_3 \to V_4$ 是从顶点 V_1 到顶点 V_4 的两条路径，路径长度分别为 4 和 3。

（8）简单路径、回路、简单回路

如果图中的顶点序列不重复出现，顶点的路径称为简单路径。

在图 7-3 中，路径 $V_1 \to V_2 \to V_3 \to V_5 \to V_4$ 和路径 $V_1 \to V_2 \to V_5 \to V_4$ 都是简单路径。但路径 $V_1 \to V_3 \to V_2 \to V_3 \to V_5 \to V_4$ 就不是简单路径。

第一个顶点与最后一个顶点相同的路径称为回路或者环（cycle）。除第一个顶点与最后一个顶点之外，其他顶点不重复出现的回路称为简单回路，或者简单环。如图 7-3 中的路径 $V_1 \to V_3 \to V_2 \to V_1$，就是简单回路。

（9）子图

对于图 G=(V, E)，若存在 V 是 V 的子集，E 是 E 的子集，则称图 G 是 G 的一个子图（Subgraph）。图 7-4 示出了 G_2 和 G_1 的两个子图 G_4 和 G_5。

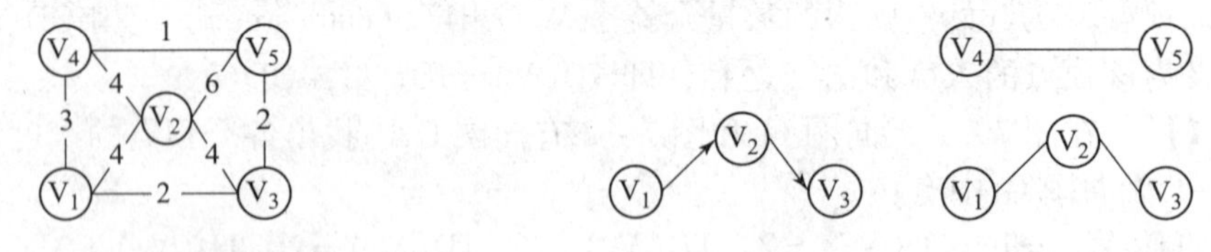

图 7-3 无向网图 G_3　　　　图 7-4 图 G_2 和 G_1 的两个子图 G_4 和 G_5

（10）连通图、连通分量

在无向图中，如果从一个顶点 V_i 到另一个顶点 V_j（$i \neq j$）之间有路径，则称顶点 V_i 和 V_j 是连通的。如果图中任意两顶点都是连通的，则称该图是连通图（Connected Graph）。无向图的极大连通子图称为连通分量（Connected Component）。图 7-5（a）中有两个连通分量，如图 7-5（b）所示。

（11）强连通图、强连通分量

对于有向图来说，若图中任意顶点 V_i 和 $V_j(i \neq j)$ 之间有路径，也有从 V_j 到 V_i 的路径，则称该有向图是强连通图。有向图的极大强连通子图称为强连通分量。图7－2中有两个强连通分量，分别是 $\{V_3, V_5, V_4\}$ 和 $\{V_2, V_1\}$，如图7－6所示。

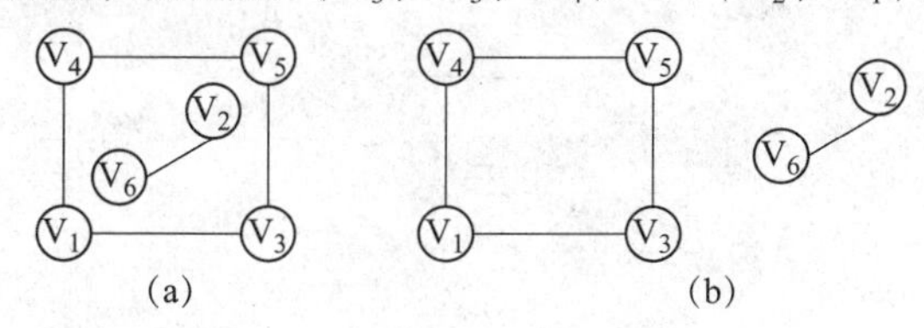

图7－5　无向图 G_6 及连通分量

（a）无向图 G_6；（b）G_6 的两个连通分量

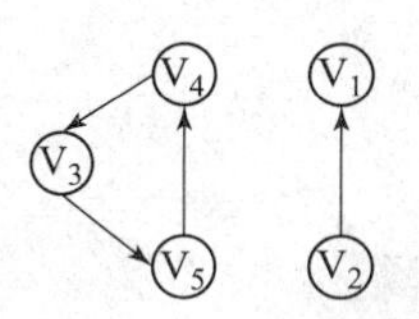

图7－6　有向图 G_2 中的强连通分量

（12）生成树

一个连通图G的生成树，就是一个极小连通子图，包含G中全部的顶点。它包含G的n－1条边。图7－4（b）中 G_5 表示出了图7－1（a）中 G_1 的一棵生成树。在生成树中添加任意一条属于原图中的边就会产生回路，因为新添加的边使相连接的两个顶点之间有了第二条路径。生成树中减少任意一条边，就会变成非连通的。

（13）生成森林

在非连通图中，由每个连通分量都可以得到一个极小连通子图，就是一棵生成树。这些连通分量的生成树放在一起就组成了一个非连通图的生成森林。

3. 图的基本操作

图和其他的数据结构一样，它的基本操作包括查找、插入和删除。为了给出明确的操作，必须先声明一个顶点，明确顶点在图中的位置。

从图的逻辑结构来看，图中的顶点之间没办法按照线性序列排序。但是，为了操作方便，我们还是需要将图中的顶点按照任意的顺序排列起来，可以对某个顶点的邻接点进行排序，在这个排序中自然就形成了邻接点的序号。所以图的操作就是图中邻接点的操作。

用C#语言中的接口来表示图的基本操作，同时给出顶点类的实现。定义一个顶点类Node <T>来保存顶点的信息，其中定义一个字段data。

顶点类Node <T>的实现如下：

```
public Class Node <T >
     {
          private T data;        //字段
          public Node(T v)    //构造函数
          {
               data =v;
          }
```

```
            public T Data //属性
            {
                get
                {
                    return data;
                }
                set
                {
                    data = value;
                }
            }
        }
```

图的接口 IGraph <T>的定义如下所示。

```
public interface IGraph < T >
{
            int GetNumOfVertex();     //获取顶点的个数
            int GetNumOfEdge();   //获取边或弧的数量
            //在两个顶点之间添加权值为 V 的边或弧
            void SetEdge(Node < T > V1,Node < T > V2,int v);
            void DelEdge(Node < T > V1,Node < T > V2);
            //删除两个顶点之间的边或弧
            bool IsEdge(Node < T > V1,Node < T > V2);
            //判断两个顶点之间是否有边或弧
}
```

下面对图的基本操作进行说明：

（1）GetNumOfVertex()

如果图存在，则返回图中的顶点数。

（2）GetNumOfEdge()

如果图存在，则返回图中的边或弧的数目。

（3）SetEdge(Node <T> V_1，Node <T> V_2，int v)

如果图存在，顶点 V_1 和 V_2 是图的两个顶点，那么在顶点 V_1 和 V_2 之间添加一条边或弧并设边或弧的值为 v。

（4）DelEdge(Node <T> V_1，Node <T> V_2)

如果图存在，顶点 V_1 和 V_2 是图的两个顶点并且 V_1 和 V_2 之间有一条边或弧，则删除顶点 V_1 和 V_2 之间的边或弧。

（5）IsEdge(Node <T> V_1，Node <T> V_2)

如果图存在，顶点 V_1 和 V_2 是图的两个顶点；如果 V_1 和 V_2 之间有一条边或弧，返回 true，否则返回 false。

7.2 图的存储结构

图的结构很复杂，任意两个顶点之间都有可能存在联系，所以没有办法用数据元素在存储区中的物理位置来表示元素与元素之间的关系，但是，可以借助元素与元素相邻接的关系来表示元素之间的关系。下面将介绍两种常用的表示方法，对无向图和有向图都有效，它们是邻接矩阵和邻接表表示法。

7.2.1 邻接矩阵

1. 邻接矩阵

邻接矩阵（Adjacency Matrix）很容易判断任意两个顶点之间是否有边或弧相连接，并且容易得出图中各个顶点的度。设图 G =（V，E）具有 n 个顶点，图的邻接矩阵是 n 阶方阵 A，若 G 是无向图，其中的元素表示为：

$$A[i,j]=\begin{cases}1, & \text{若}(v_i, v_j)\text{或}<v_i, v_j>\text{是}E(G)\text{中的边}\\0, & \text{若}(v_i, v_j)\text{或}<v_i, v_j>\text{不是}E(G)\text{中的边}\end{cases}$$

其中，1 表示无向图上两顶点之间有连接线；0 表示这两个顶点之间没有连接线。

若 G 是网络，则邻接矩阵可定义为：

$$A[i,j]=\begin{cases}w_{ij}, & \text{若}(v_i, v_j)\text{或}<v_i, v_j>\in E(G)\\0\text{或}\infty, & \text{若}(v_i, v_j)\text{或}<v_i, v_j>\notin E(G)\end{cases}$$

其中，W_{ij}表示边上的权值；∞ 表示一个计算机允许的、大于所有边上权值的数。

【例 7-3】 图 7-7 中的无向图 G_7和有向图 G_8的邻接矩阵分别为 A_1和 A_2，用邻接矩阵表表示。

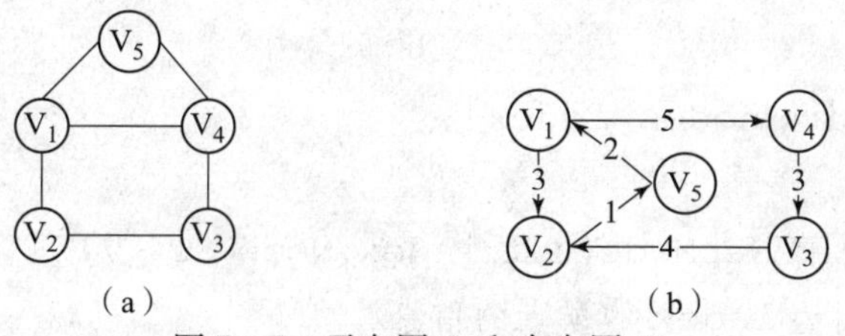

图 7-7　无向图 G_7和有向图 G_8

（a）无向图 G_7；（b）有向图 G_8

无向图 G_7和有向图 G_8用邻接矩阵表示为：

$$A_1=\begin{bmatrix}0&1&0&1&1\\1&0&1&0&0\\0&1&0&1&0\\1&0&1&0&1\\1&0&0&1&0\end{bmatrix}\qquad A_2=\begin{bmatrix}\infty&3&\infty&5&\infty\\\infty&\infty&\infty&\infty&1\\\infty&4&\infty&\infty&\infty\\\infty&\infty&3&\infty&\infty\\2&\infty&\infty&\infty&\infty\end{bmatrix}$$

用邻接矩阵表示法表示图，除了存储用于表示顶点之间相邻关系的邻接矩阵外，通常还需要用一个顺序表来存储顶点的数据。无向图或无向网的邻接矩阵是一个对称矩阵，在存放元素时用上三角矩阵或下三角矩阵来表示即可。有向图的邻接矩阵就复杂一些，是一个不对称的矩阵，某顶点的入度和出度都不一样，比如顶点 V_i 的入度是邻接矩阵的第 i 列中非 0 或非∞的元素的个数，顶点 V_i 的出度是邻接矩阵中第 i 行中非 0 或非∞的元素的个数。不管是无向图还是有向图，用邻接矩阵都可以方便地查找图中的任意一条边或弧的权值，如果 A[i][j]为 0 或∞，则表示顶点 V_i 和 V_j 之间不存在边或弧；如果图中有边或弧，都可以按照行列来查找元素。

2. 邻接矩阵算法

下面定义一个无向图的邻接矩阵类 GraphMatrix<T>来表述无向图，类中有三个成员变量：Node<T>类型的一维数组 nodes，用来存顶点的信息；二维数组 mat，表示图的邻接矩阵，存放边的信息；正式 edges，表示图中边的数量。GraphMatrix<T>类的定义如下：

```
public class GraphMatrix<T>: IGraph<T>
{
    private Node<T>[]nodes;         //一维数组表示顶点的信息
    private int edges;              //边的数量
    private int[ ,]mat;             //数组表示邻接矩阵中边的信息
    public GraphMatrix(int n)       //构造函数
    {
        nodes =new Node<T>[n];
        mat =new int[n,n];
        edges =0;
    }
    public Node<T>GetNode(int index)   //获取索引为 index 的顶点的信息
    {
        return nodes[index];
    }
    public void SetNode(int index,Node<T>V)
    //设置索引为 index 的顶点的信息
    {
        nodes[index] =V;
    public int Edges //边的数量属性
    {
        get
        {
          return edges;
        }
        set
        {
```

```
            edges = value;
        }
    }
    public int GetMat(int index1,int index2)
    //获取 mat[index1,index2]的值
    {
        return mat[index1,index2];
    }
    public void SetMat(int index1,int index2)
    //设置 mat[index1,index2]的值
    {
        mat[index1,index2] = 1;
    }
    public int GetNumOfVertex() //获取顶点的数量
    {
      return nodes.Length;
    }
    public int GetNumOfEdge()   //获取边的数量
    {
        return edges;
    }
    public bool IsNode(Node<T>V) //判断 V 是否是图的顶点
    {
        foreach(Node<T>nd in nodes) //遍历顶点数组
        {
            if(V.Equals(nd))
            {
                return true; //如果顶点 nd 与 V 相等,则 V 是图的顶点
            }
        }
        return false;
    }
    public int GetIndex(Node<T>V) //获取顶点 V 在顶点数组中的索引
    {
        int i = -1;
```

```
        for(i =0; i <nodes.Length; ++i) //遍历顶点数组
        {
            if(nodes[i].Equals(V))
            {
                return i; //如果顶点V与nodes[i]相等,则V是图的顶点
            }
        }
        return i;
    }
    //在顶点V1和V2之间添加权值为V的边
    public void SetEdge(Node<T>V1,Node<T>V2,int V)
    {
        if(! IsNode(V1) ||! IsNode(V2)) //如果V1或V2不是图的顶点
        {
            Console.WriteLine("此顶点不属于本图!");
            return;
        }
        if(V !=1) //如果不是无向图
        {
            Console.WriteLine("权值不对!");
            return;
        }
        //添加权值
        mat[GetIndex(V1),GetIndex(V2)] =V;
        mat[GetIndex(V2),GetIndex(V1)] =V;
        ++edges;
    }
    public void DelEdge(Node<T>V1,Node<T>V2)
    //删除顶点V1和V2之间的边
    {
        if(! IsNode(V1) ||! IsNode(V2))   //如果V1或V2不是图的顶点
        {
            Console.WriteLine("此顶点不属于本图!");
            return;
```

```
        }
        if(mat[GetIndex(V1),GetIndex(V2)] ==1)
        //顶点V1与V2之间存在边
        {
            //删除权值
            mat[GetIndex(V1),GetIndex(V2)] =0;
            mat[GetIndex(V2),GetIndex(V1)] =0;
            --edges;
        }
    }
    public bool IsEdge(Node<T>V1,Node<T>V2)
    //顶点V1与V2之间是否存在边
    {
        if(! IsNode(V1) ||! IsNode(V2)) //如果V1或V2不是图的顶点
        {
            Console.WriteLine("此节点不属于本图!");
            return false;
        }
        if(mat[GetIndex(V1),GetIndex(V2)] ==1)
        //顶点V1与V2之间存在边
        {
            return true;
        }
        else  //不存在边
        {
            return false;
        }
    }
}
```

无向图的邻接矩阵类继承自IGraph<T>类，除了实现IGraph<T>类中的方法外，还添加了判断一个顶点是否是无向图中的顶点IsNode方法，避免了对无向图中的顶点进行无意义的操作，还添加了获取顶点在nodes数组中的序号。还有一些其他的方法，这里就不逐一描述了。

7.2.2　邻接表

1. 邻接表

邻接表（Adjacency List）是图的一种链式存储结构。在邻接表中，图的各个顶点也是顺序存放的。在邻接表中，为每个顶点建立一个单链表结点，把所有邻接于某个顶点的顶点构成一个表，采用链式存储结构。每个单链表由邻接顶点域 adjvex 和引用域 next 表示，邻接顶点域用来存放邻接顶点的信息，即邻接顶点在顶点数组中的序号；引用域用来存放下一个邻接点的地址。

这种表示法类似于树的孩子链表表示法。顶点结点和邻接表结点如图 7－8 所示。

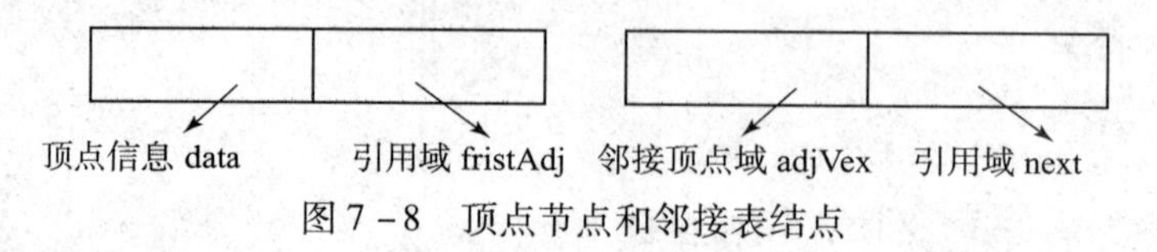

图 7－8　顶点节点和邻接表结点

【例 7－4】　用邻接表表示图 7－7 中无向图 G_7 和有向图 G_8。

邻接表如图 7－9 所示。

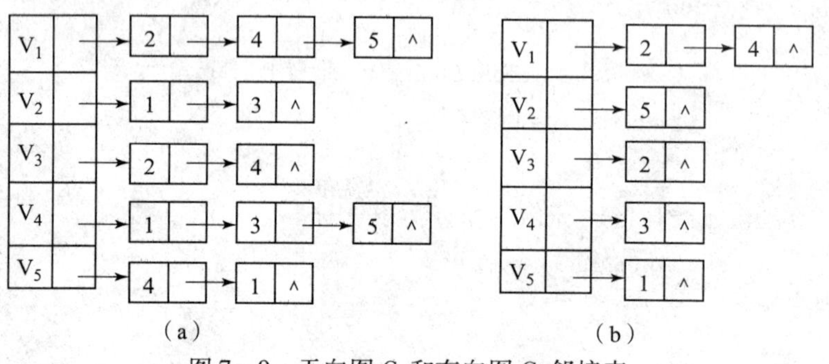

图 7－9　无向图 G_7 和有向图 G_8 邻接表

（a）无向图 G_7；（b）有向图 G_8

在图 7－9 无向图 G_7 的邻接表中，可以看出 V_1 和 V_2、V_4、V_5 相邻，所以把和 V_2、V_4、V_5 都连接到 V_1 的后面，最后一个结点的引用域为空。由此可看出这些结点的表示跟邻接点中单链表规定的结点组成部分吻合，结点中第一部分是邻接顶点的序号，第二部分如果后续有相邻的顶点，则指向相邻结点，否则置空（即^）。

在图 7－9 有向图 G_8 的邻接表中，V_1 和 V_2、V_4 相邻，它们之间存在有向边，V_2 和 V_5 之间不存在有向边，所以相互没有连接线。在有向图的邻接表中，结点还是由两部分组成，一部分邻接顶点域，另一部分指向邻接顶点。如果后面邻接顶点，则置空。

若无向图中有 n 个顶点，e 条边，则邻接表需要 n 个头结点和 2e 个表结点，用邻接表表示无向图比邻接矩阵表示无向图能节省更多存储空间。在无向图的邻接表中，顶点 V_i 的度恰好等于第 i 个链表中的结点数；而在有向图中，第 i 个链表中的结点个数只是顶点 V_i 的出度，为求入度，必须遍历整个邻接表。有时为了确定顶点的入度或以顶点 V_1 为头的弧的表，需要建立一个有向图的逆邻接表，即对每个顶点 V_1 建立一个有向图的逆邻接表，如图 7－10 有向图 G_8 的邻接表所示。

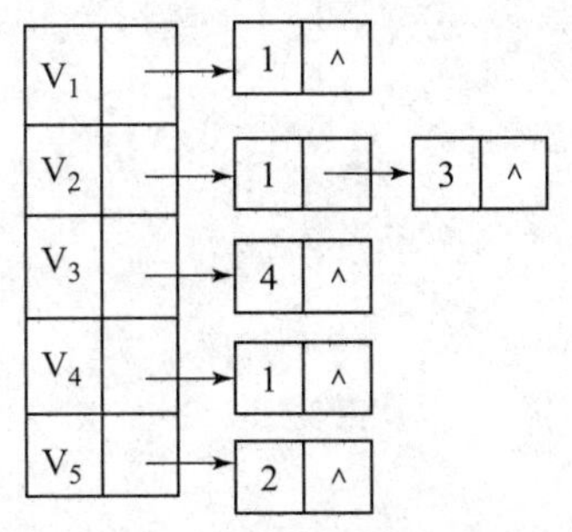

图 7-10　有向图 G_8 逆邻接表

在建立邻接表或逆邻接表时，表中结点中顶点的信息浓缩成了顶点的编号，建立邻接表的时间复杂度为 O(n+e)，否则，我们需要通过查找才能得到顶点在图中的位置，则时间复杂度为 O(n*e)。

2. 邻接表算法

无向图邻接表的存储结构可用无向图邻接表类来表示，类中主要存储的是邻接表结点。邻接表结点用类 adjListNode <T> 来描述，类中有两个成员：一个存储邻接顶点 adjvex 的信息，一个存储下一个邻接表节点 next 的地址，类的实现如下。

```
public class adjListNode<T>
{
    private int adjvex; //邻接顶点
    private adjListNode<T> next; //下一个邻接表结点
    public int Adjvex   //邻接顶点属性
    {
      get
      {
          return adjvex;
      }
      set
      {
          adjvex = value;
      }
    }
    public adjListNode<T> Next   //下一个邻接表结点属性
    {
      get
      {
          return next;
      }
      set
```

```
            }
                next = value;
            }
        }
        public adjListNode(int vex) //构造函数
        {
            adjvex = vex;
            next = null;
        }
    }
```

无向图邻接表中顶点结点类用 VexNode <T> 表示，它包括两个成员字段：一个用来存储图中顶点本身的信息 data，一个用来存储顶点的邻接表中第一个结点的地址 firstAdj。VexNode <T> 的实现如下。

```
public class VexNode<T>
    {
        private Node<T> data;                    //图的顶点信息
        private adjListNode<T> firstAdj;   //邻接表的第一个结点地址
        public Node<T> Data                     //图中顶点的属性
        {
            get
            {
                return data;
            }
            set
            {
                data = value;
            }
        }
        public adjListNode<T> FirstAdj    //邻接表的第一个结点属性
        {
            get
            {
                return firstAdj;
            }
            set
            {
```

```
            firstAdj = value;
        }
    }
    public VexNode()            //构造函数 1
    {
        data = null;
        firstAdj = null;
    }
    public VexNode(Node<T> nd)            //构造函数 2
    {
        data = nd;
        firstAdj = null;
    }
    public VexNode(Node<T> nd,adjListNode<T> alNode)
    //构造函数 3
    {
        data = nd;
        firstAdj = alNode;
    }
}
```

无向图邻接表中包括顶点结点和邻接表结点，把这些结点组合到一起，还需要定义一个无向图邻接表类 GraphAdjList<T>，该类中有一个成员字段用来表示邻接表数组 adjList。GraphAdjList<T>类继承了接口 IGraph<T>，并实现了其中的方法，两个方法成员是 IsNode 和 GetIndex，功能与 GraphMatrix<T>一样。无向图邻接表类 GraphAdjList<T>的实现如下所示。

```
public class GraphAdjList<T>: IGraph<T>
{
    private VexNode<T>[]adjList;      //邻接表数组
    public VexNode<T>this[int index]   //索引器
    {
        get
        {
            return adjList[index];
        }
        set
        {
```

```
            adjList[index] = value;
        }
    }
    public GraphAdjList(Node<T>[]nodes) //构造函数
    {
        adjList = new VexNode<T>[nodes.Length];
        for(int i = 0; i < nodes.Length; ++i )
        {
            adjList[i].Data = nodes[i];
            adjList[i].FirstAdj = null;
        }
    }
    public int GetNumOfVertex()  //获取顶点的数量
    {
        return adjList.Length;
    }
    public int GetNumOfEdge()  //获取边的数量
    {
        int i = 0;
        foreach(VexNode<T>nd in adjList) //遍历邻接表数组
        {
            adjListNode<T>p = nd.FirstAdj;
            while(p != null)
            {
                ++i;
                p = p.Next;
            }
        }
        return i /2;
}
public bool IsNode(Node<T>V) //判断V是否是图的顶点
{
    foreach(VexNode<T>nd in adjList)  //遍历邻接表数组
    {
        if(V.Equals(nd.Data)) //如果V等于nd的data,则V是图中的顶点
        {
            return true;
```

```
            }
        }
        return false;
    }
    public int GetIndex(Node<T>V) //获取顶点V在邻接表数组中的索引
    {
        int i = -1;
        for(i = 0; i < adjList.Length; ++i) //遍历邻接表数组
        {
            //邻接表数组第i项的data值等于V,则顶点V的索引为i
            if(adjList[i].Data.Equals(V))
            {
                return i;
            }
        }
        return i;
    }
    //在顶点V1和V2之间添加权值为V的边
    public void SetEdge(Node<T>V1,Node<T>V2,int V)
    {
        //V1或V2不是图的顶点或者V1和V2之间存在边
        if(! IsNode(V1) ||! IsNode(V2) ||IsEdge(V1,V2))
        {
            Console.WriteLine("该顶点不属于此图!");
            return;
        }
        if(V! = 1) //权值不对
        {
            Console.WriteLine("权值不对!");
            return;
        }
        adjListNode<T>p = new adjListNode<T>(GetIndex(V2));
        //处理顶点V1的邻接表
        if(adjList[GetIndex(V1)].FirstAdj == null) //顶点V1没有邻接顶点
        {
            adjList[GetIndex(V1)].FirstAdj = p;
```

```
    }
    else //顶点V1有邻接顶点
    {
        p.Next = adjList[GetIndex(V1)].FirstAdj;
        adjList[GetIndex(V1)].FirstAdj = p;
    }
    p = new adjListNode<T>(GetIndex(V1)); //处理顶点V2的邻接表
    if(adjList[GetIndex(V2)].FirstAdj == null) //顶点V2没有邻接顶点
    {
        adjList[GetIndex(V2)].FirstAdj = p;
    }
    else //顶点V1有邻接顶点
    {
        p.Next = adjList[GetIndex(V2)].FirstAdj;
        adjList[GetIndex(V2)].FirstAdj = p;
    }
}
public void DelEdge(Node<T>V1,Node<T>V2) //删除顶点V1和V2之间的边
{
    if(! IsNode(V1) ||! IsNode(V2))   //V1或V2不是图的顶点
    {
        Console.WriteLine("该顶点不属于此图!");
        return;
    }
    if(IsEdge(V1,V2)) //顶点V1与V2之间有边
    {
        //处理顶点V1的邻接表中的顶点V2的邻接表结点
        djListNode<T>p = adjList[GetIndex(V1)].FirstAdj;
        adjListNode<T>pre = null;
        while(p != null)
        {
            if(p.Adjvex != GetIndex(V2))
            {
                pre = p;
                p = p.Next;
```

```
            }
        }
            }
            pre.Next = p.Next;
            //处理顶点V2的邻接表中的顶点V1的邻接表结点
            p = adjList[GetIndex(V2)].FirstAdj;
            pre = null;
            while(p != null)
            {
                if(p.Adjvex != GetIndex(V1))
                {
                    pre = p;
                    p = p.Next;
                }
            }
            pre.Next = p.Next;
        }
    }
    public bool IsEdge(Node<T> V1,Node<T> V2) //判断V1和V2之间是否存在边
    {
        if(! IsNode(V1) ||! IsNode(V2)) //V1或V2不是图的顶点
        {
            Console.WriteLine("该顶点不属于此图!");
            return false;
        }
        adjListNode<T> p = adjList[GetIndex(V1)].FirstAdj;
        while(p != null)
        {
            if(p.Adjvex == GetIndex(V2))
            {
                return true;
            }
            p = p.Next;
        }
        return false;
      }
    }
```

在无向图邻接表类中，有几个方法需要说明一下：

（1）GetNumOfVertex( ) 方法

算法思路：要求无向图的顶点数量，直接返回 adjList 数组的长度即可。

（2）GetNumOfEdge( ) 方法

算法思路：要求无向图的边数，需要求出所有顶点的邻接表的结点的个数，然后除以2。

（3）SetEdge(Node<T>V_1，Node<T>V_2，int V）方法

算法思路：首先判断顶点 V_1 和 V_2 是否是图的顶点，V_1 和 V_2 是否存在边。如果 V_1 和 V_2 不是图的顶点，V_1 和 V_2 存在边，不做处理。然后判断 V 的值是否为 1，为 1 则不做处理；否则，先分配一个邻接表结点，其 adjVex 域是 V_2 在 adjList 数组中的索引号，然后把该结点插入顶点 V_1 的邻接表的表头；然后再分配一个邻接表结点，其 adjVex 域是 V_1 在 adjList 数组中的索引号，然后把该结点插入顶点 V_2的邻接表的表头。

（4）DelEdge(Node<T>V_1，Node<T>V_2）方法

算法思路：首先判断顶点 V_1 和 V_2 是否是图的顶点，V_1 和 V_2 是否存在边。如果 V_1 和 V_2 不是图的顶点，或 V_1 和 V_2 不存在边，不做处理。否则，先在顶点 V_1的邻接表中删除 adjVex 的值等于顶点 V_2 在 adjList 数组中的序号结点，然后删除顶点 V_2的邻接表中 adjVex 的值等于顶点 V_1 在 adjList 数组中的序号结点。

（5）IsEdge(Node<T>V_1，Node<T>V_2）方法

算法思路：首先判断顶点 V_1 和 V_2 是否是图的顶点。如果 V_1 和 V_2 不是图的顶点，不做处理；否则，在顶点 V_1（或 V_2）的邻接表中查找是否存在 adjVex 的值等于 V_2（或 V_1）在 adjList 中的序号的结点，如果存在，则返回 true，否则返回 false。

7.3　图的遍历

在前面的章节中，已经讨论过树的遍历，图的遍历和树的遍历类似。从图中的某个顶点出发，访问其余所有顶点，并且使每个顶点仅被访问一次，这个过程就称为图的遍历。

图的遍历相对树来说要复杂一些，图中任意一个顶点都有可能和其他的顶点相邻接。所以，在访问过程中，可能沿着某个顶点访问，然后又回到某个顶点，这样就存在回路，要避免访问同一个顶点多次的情况。为了解决这个问题，给每个已访问过的顶点做个记录。因此，可以设计一个数组 visited[n]，n 为图中顶点的数量，数组的值为 1，表示已访问过；如果数组的值为 0，表示没访问过。

图的遍历有两种方法：一种是深度优先搜索法，另外一种是广度优先搜索法。

7.3.1　深度优先搜索法

1. 深度优先搜索法的概念

图的深度优先搜索法（Depth_First Search）类似于树的先序遍历。图的深度优先搜索法的基本思想是：先访问制定的起始顶点 V_i；然后在与 V_i 相邻的未访问过的顶点中选择一个 V_j进行访问；在与 V_j相邻的未访问过的顶点中选择一个访问；直到某个顶点不存在未被访问的邻接顶点为止，则退回到最近被访问的顶点；如果它还有未被访问的邻接顶点，则选择

一个未被访问过的顶点继续访问；如此循环重复，直到全部顶点都被访问到了再结束。

【例7-5】　如图7-11无向图 G_9 和有向图 G_{10} 所示，从顶点 V_1 出发，用深度优先搜索法遍历。

用深度优先搜索法遍历，可以得到无向图 G_9 的访问顺序如下：

$V_1 \to V_2 \to V_5 \to V_6 \to V_7 \to V_3 \to V_4$ 或

$V_1 \to V_3 \to V_4 \to V_5 \to V_6 \to V_7 \to V_2$ 或

$V_1 \to V_3 \to V_5 \to V_6 \to V_7 \to V_4 \to V_2$ 等。

有向图 G_{10} 的访问顺序如下：

$V_1 \to V_2 \to V_4 \to V_5 \to V_3 \to V_6 \to V_7$ 或

$V_1 \to V_2 \to V_4 \to V_5 \to V_3 \to V_7 \to V_6$ 或

$V_1 \to V_3 \to V_7 \to V_6 \to V_2 \to V_4 \to V_5$ 等。

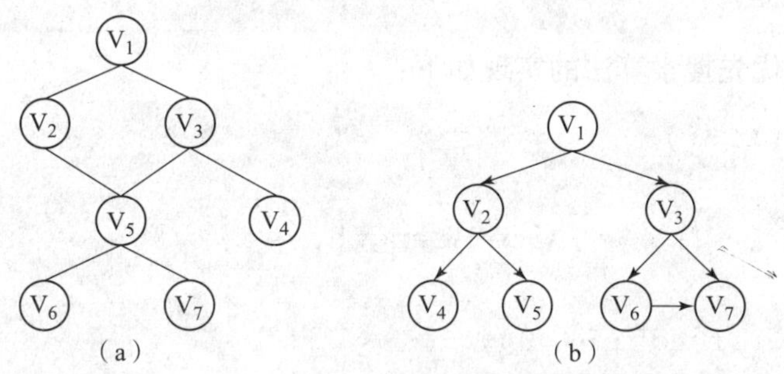

图7-11　无向图 G_9 和有向图 G_{10} 访问顺序

(a) 无向图 G_9；(b) 有向图 G_{10}

在搜索的过程中，是从顶点 V_1 开始的，得到的访问顺序都不唯一。当前顶点的邻接顶点不止一个，未被访问的也不止一个，可以随意选择路径访问。如果我们开始的顶点不是 V_1，得到的访问顺序更不可能一样，所以，采用深度优先搜索法遍历的结果不唯一。

深度优先搜索算法思路：先初始化所有顶点的访问状态，设置为“未访问”状态；访问起始点，设置起始点为“已访问”状态；如起始点存在未被访问过的邻接顶点，继续访问未访问过的邻接顶点，设置该顶点为“已访问”状态；如果此顶点存在未被访问的邻接顶点，则继续访问，否则回到上一层顶点；判断该层顶点是否有未被访问过的邻接顶点，则有继续访问，否则再回到上一层顶点。如此重复递归，直至所有顶点被访问完为止。

2. 深度优先搜索算法

下面以无向图的邻接表存储结构为例来实现图的深度优先搜索法。需要在无向图邻接表类中设计一个数组 visited[n]，n 为图中顶点的数量，数组中的初始值都设置为0，表示未被访问过；如果数组中的值变为1，则表示已被访问过。如果顶点 V_i 被访问，那么 visited[i-1] 的值为1。把该数组成员加到无向图的邻接表 GraphAdjList<T>类中，增设 visited 成员字段，需要修改构造函数中的代码如下。

```
public GraphAdjList(Node<T>[]nodes)
{
    adjList = new VexNode<T>[nodes.Length];
    for(int i = 0; i < nodes.Length; ++i )
```

```
    {
        adjList[i].Data = nodes[i];
        adjList[i].FirstAdj = null;
    }
    //以下是修改后添加的代码
    visited = new int[adjList.Length];
    for(int i = 0; i < visited.Length; ++ i)
    {
        visited[i] = 0;
    }
}
```

无向图的深度优先搜索算法的实现如下：

```
public void DFS()
{
    for(int i = 0; i < visited.Length; ++ i)
    {
        if(visited[i] == 0)
        {
            DFSAL(i);
        }
    }
}
public void DFSAL(int i) //从某个顶点出发进行深度优先搜索
{
    visited[i] = 1;
    adjListNode < T > p = adjList[i].FirstAdj;
    while(p != null)
    {
        if(visited[p.Adjvex] == 0)
        {
            DFSAL(p.Adjvex);
        }
        p = p.Next;
    }
}
```

采用图的深度优先搜索算法遍历图时，图中每个顶点至多调用一次 DFS 方法，因为某个顶点被设置为已访问后，就不再从它出发进行访问。遍历图的过程本质上是对每个顶点查找其邻接顶点，时间复杂度取决于图所采用的存储结果，是邻接表还是邻接矩阵。如果采用邻接矩阵作为存储结构，搜索某个顶点的邻接顶点的时间复杂度为O(n)，用n表示图中顶点的数量。如果采用邻接表作为存储结构，搜索某个顶点的邻接顶点的时间复杂度为O(e)，e表示图中的边或弧的数量。如果采用邻接表作为存储结构，使用深度优先遍历法遍历图的时间复杂度为O(n+e)。

7.3.2　广度优先搜索法

1. 广度优先搜索法

图的广度优先搜索法（Breadth First Search）类似于树的层次遍历。图的广度优先搜索法的基本思想是：首先访问指定的某个起始顶点V_i；然后依次访问V_i的所有未被访问过的邻接顶点；再依次访问与V_i逐个邻接顶点的所有未被访问过的顶点。重复这个过程，直到所有的顶点都被访问完了再结束。

【例7-6】　对于图7-11无向图G_9和有向图G_{10}，从顶点V_1出发，用广度优先搜索法遍历。

用深度优先搜索法遍历，可以得到无向图G_9的访问顺序如下：

$V_1 \to V_2 \to V_3 \to V_5 \to V_4 \to V_6 \to V_7$，或$V_1 \to V_3 \to V_2 \to V_5 \to V_4 \to V_7 \to V_6$，或

$V_1 \to V_3 \to V_2 \to V_5 \to V_4 \to V_6 \to V_7$等。

有向图G_{10}的访问顺序如下：

$V_1 \to V_2 \to V_3 \to V_5 \to V_4 \to V_6 \to V_7$，或$V_1 \to V_2 \to V_3 \to V_5 \to V_4 \to V_7 \to V_6$，或

$V_1 \to V_3 \to V_2 \to V_6 \to V_7 \to V_4 \to V_5$等。

在搜索的过程中，我们是从顶点V_1开始的，得到的访问顺序都不唯一。与深度优先搜索法类似，当前顶点的邻接顶点不止一个，未被访问的也不止一个，可以随意选择路径访问。所以，采用广度优先搜索法遍历的结果不是唯一的。

广度优先搜索算法思路，先初始化所有顶点的访问状态，设置为“未访问”状态；访问起始点，设置起始点为“已访问”状态；如起始点存在未被访问过的邻接顶点，继续访问未访问过的邻接顶点，设置该顶点为“已访问”状态；如果此顶点所在层还存在未被访问的邻接顶点，则继续访问，直到该层的邻接顶点都被访问完了再进入下一层；如果上一层的顶点都被访问过了，并已设置为“已访问”状态，则判断该层顶点的下一层是否有未被访问过的邻接顶点，有则继续访问，直到该层的邻接顶点都被访问完了再进入下一层。如此重复递归，直至所有顶点被访问完为止。

2. 广度优先搜索算法

广度优先搜索法跟深度优先搜索法类似，需要在无向图邻接表类中设计一个数组visited[n]，n为图中顶点的数量。因为广度优先搜索法是分层访问，为了顺序访问各层，把访问路径长度为1，2，…，i的顶点放在一个队列cq中，队列是循环队列，队列中专门用来存放已经访问过的路径长度为1，2，…，i的顶点。以无向图的邻接表存储结构为例来实现图的广度优先搜索法，算法如下。

```
public void BFS()
{
    for(int i=0; i<visited.Length; ++i)
    {
        if(visited[i]==0)
        {
            BFSAL(i);
        }
    }
}
public void BFSAL(int i) //从某个顶点出发进行宽度优先搜索
{
    visited[i]=1;
    CSeqQueue<int>cq=new CSeqQueue<int>(visited.Length);
    cq.In(i);
    while(! cq.IsEmpty())
    {
        int k=cq.Out();
        adjListNode<T>p=adjList[k].FirstAdj;
        while(p !=null)
        {
            if(visited[p.Adjvex]==0)
            {
                visited[p.Adjvex]=1;
                cq.In(p.Adjvex);
            }
            p=p.Next;
        }
    }
}
```

从上面宽度优先搜索算法中可以看出，每个顶点都要进入队列一次，并且不重复进入队列。广度优先搜索法的本质是通过图的边或弧查找相邻顶点的过程，遍历图的时间复杂度为O(n+e)，跟深度优先搜索法遍历图的时间复杂度一样，不同点在于对顶点的访问顺序不一样。

7.4 最小生成树

最小生成树的应用很广泛，例如设计总长度最小的地铁线路，把若干商圈、写字楼和居民集中区连接起来；铺设供水、供电、供气的地下管道，如何使得造价最省；建立城市间通信网络，节省经费设备开销等。这些问题都涉及最小生成树，为了解决这些问题，需要了解连通图、非连通图、最小生成树的概念和最小生成树算法。

1. 连通图、非连通图、最小生成树的概念

在无向图中，只要任意两点之间都有一条路径相连接，那么该图就是连通图（Connected Graph）。在无向连通图中，有一个极大连通子图，称为连通分量（Connected Component）。无向连通图中，连通分量就是它本身。非连通的无向图有多个连通分量。

在有向图中，任意两个顶点之间都有路径相通，则该有向图是强连通图（Strongly Connected Graph）。强连通图只有一个连通分量，就是它本身。非强连通的有向图有多个连通分量。

如果一个连通图的某个子图是一棵树，则称该树为此图的生成树。通过深度优先搜索法和广度优先搜索法，可得到深度优先生成树和广度优先生成树。生成树是搜索遍历过程中得到历经边的集合和剩余边的集合，这些顶点和边就组成了连通图，即生成树。

【例 7 -7】　以图 7 - 11 为例，通过深度和广度优先搜索法生成树。

图 7 - 11 中无向图 G_9，通过深度优先搜索法得到的生成树如图 7 - 12 所示。

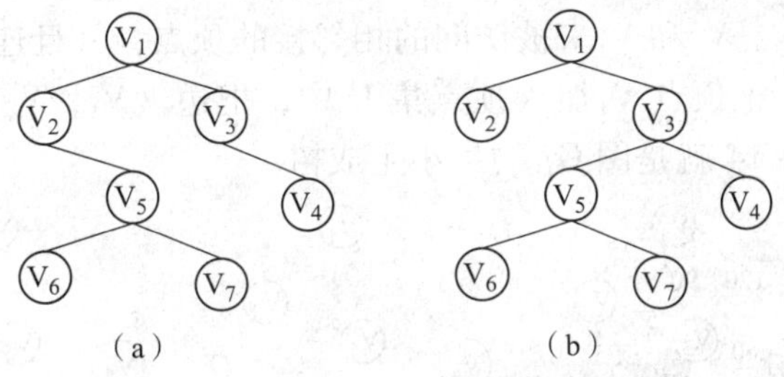

图 7 - 12　无向图 G_9 的深度优先生成树

图 7 - 11 中有向图 G_{10}，通过广度优先搜索法得到的生成树如图 7 - 13 所示。

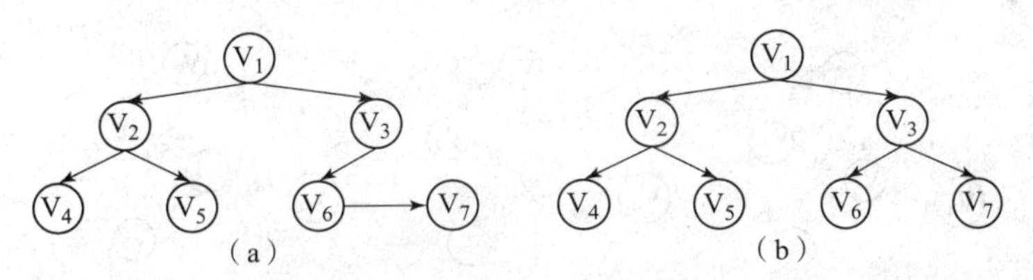

图 7 - 13　有向图 G_{10} 的广度优先生成树

在图的应用中，不管是铺设地铁线路还是地下管道、通信网络等，最终都是要得到一棵最小代价的生成树，即路径最短、权值最小的生成树，也称为最小生成树（minimal spanning tree）。

2. 最小生成树算法

构造有 n 个顶点的图的最小生成树必须满足以下几个条件：必须包括 n 个顶点；最小生成树中有且仅有 n - 1 条边；最小生成树中不存在回路。生成最小生成树的方法有很多，典型的方法是普里姆（Prim）算法和克鲁斯卡尔（Kruskal）算法。

（1）普里姆（Prim）算法

假设有一个无向图 $G = (V, E)$，其中 V 为图中顶点的集合，E 为图中边的集合。最后

得到的最小生成树，用 U 表示图 G 中最小生成树的顶点的集合，T 为图 G 中最小生成树的边的集合。普里姆算法的设计思路是，先初始化顶点集 U 为 V_1，边集 T 的初始值为空；再从所有顶点集 V 中找出顶点 V_i和 V_j，并且在边集 E 中选出具有最小权值的边（V_i，V_j），将顶点 V_j加入顶点集 U 中，将边（V_i，V_j）加入边集 T 中。重复到 U = V 时，最小生成树构成。此时顶点集中存放在最小生成树的所有顶点，边集 T 中存放着最小生成树的所有边。

【例 7 – 8】 以图 7 – 14（a）有向图 G_{11}为例，描述普里姆算法如何构成最小生成树。

为了方便读者阅读，我们将构成最小生成树的过程分别用图 7 – 14（b）～（f）表示。

分析里姆算法实现过程。开始时，顶点集 U = {V_1}，顶点集 V – 顶点集 U = {V_2，V_3，V_4，V_5}，边集 T = {}，如图 7 – 14（b）所示。找顶点 V_1未被访问的相邻接的顶点，并且连接的边是权值最小的边（V_1，V_2），权值为 75，把顶点 V_2加入顶点集 U 中，把边（V_1，V_2）加入边集 T 中，如图 7 – 14（c）所示。在顶点集 U 中，找顶点 V_1和 V_2未被访问的相邻接的顶点，并且连接的边是权值最小的边（V_2，V_5），权值为 50，把顶点 V_5加入顶点集 U 中，把边（V_2，V_5）加入边集 T 中，如图 7 – 14（d）所示。在顶点集 U 中，找顶点 V_1、V_2和 V_5未被访问的相邻接的顶点，并且连接的边是权值最小的边（V_5，V_3），权值为 30，把顶点 V_3加入顶点集 U 中，把边（V_5，V_3）加入边集 T 中，如图 7 – 14（e）所示。在顶点集 U 中，找顶点 V_1、V_2、V_5和 V_3未被访问的相邻接的顶点，并且连接的边是权值最小的边（V_5，V_4），权值为 60，把顶点 V_4加入顶点集 U 中，把边（V_5，V_4）加入边集 T 中，如图 7 – 14（f）所示。图 7 – 14 就是图 G_{11}的最小生成树。

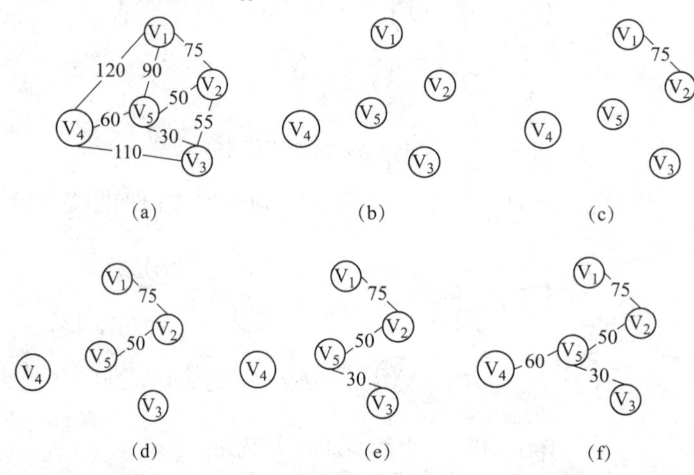

图 7 – 14 图 G_{11}和其生成最小生成树的过程

在这里还是用无向图的邻接矩阵类 NetMatrix <T> 来实现普里姆算法。NetMatrix <T> 类的成员字段与无向图邻接矩阵类 GraphMatrix <T> 的成员字段一样，不同的是，当两个顶点间有边相连接时，mat 数组中相应元素的值是边的权值，而不是 1。

无向图邻接矩阵类 NetMatrix <T> 的实现如下所示。

```
public class NetMatrix<T>: IGraph<T>
{
    private Node<T>[]nodes;            //顶点数组
```

```
private int edges;                    //边的数量
private int[,]mat;                     //邻接矩阵数组
public NetMatrix(int n)          //构造函数
{
    nodes = new Node < T >[n];
    mat = new int[n,n];
    edges = 0;
}
public Node < T > GetNode(int index) //获取顶点的索引 index
{
    return nodes[index];
}
public void SetNode(int index,Node < T >V) //设置顶点的索引为 index
{
      nodes[index] = V;
}
public int Edges //边的数量属性
{
    get
    {
        return edges;
    }
    set
    {
        edges = value;
    }
}
public int Getmat(int index1,int index2)
//获取 mat[index1,index2]的值
{
      return mat[index1,index2];
}
public void Setmat(int index1,int index2,int V)
//设置 mat[index1,index2]的值
{
      mat[index1,index2] = V;
}
public int GetNumOfVertex() //获取顶点的数量
```

```
{
    return nodes.Length;
}
public int GetNumOfEdge() //获取边的数量
{
    return edges;
}
public bool IsNode(Node<T>V) //V是否是无向图的顶点
{
    foreach(Node<T>nd in nodes) //遍历顶点数组
    {
        if(V.Equals(nd))
        //如果顶点nd与V相等,则V是图的顶点,返回true
        {
            return true;
        }
    }
    return false;
}
public int GetIndex(Node<T>V) //获得顶点V在顶点数组中的索引
{
    int i = -1;
    for(i=0; i<nodes.Length; ++i) //遍历顶点数组
    {
        if(nodes[i].Equals(V))
        //如果顶点nd与V相等,则V是图的顶点,返回索引
        {
            return i;
        }
    }
    return i;
}
//在顶点V1、V2之间添加权值为V的边
public void SetEdge(Node<T>V1,Node<T>V2,int V)
{
    if(! IsNode(V1) ||! IsNode(V2)) //V1或V2不是无向图的顶点
    {
```

```
            Console.WriteLine("此顶点不属于该图!");
            return;
        }
        //矩阵是对称矩阵
        mat[GetIndex(V1),GetIndex(V2)] = V;
        mat[GetIndex(V2),GetIndex(V1)] = V;
        ++edges;
    }
    public void DelEdge(Node<T>V1,Node<T>V2)
    //删除V1和V2之间的边
    {
        if(! IsNode(V1) ||! IsNode(V2))
        //V1或V2不是无向图的顶点
        {
             Console.WriteLine("此顶点不属于该图!");
             return;
        }
        if(mat[GetIndex(V1),GetIndex(V2)]! = int.MaxValue)
        //V1和V2之间存在边
        {
            //矩阵是对称矩阵
            mat[GetIndex(V1),GetIndex(V2)] = int.MaxValue;
            mat[GetIndex(V2),GetIndex(V1)] = int.MaxValue;
            --edges;
        }
    }
    public bool IsEdge(Node<T>V1,Node<T>V2)
    //判断V1和V2之间是否存在边
    {
        if(! IsNode(V1) ||! IsNode(V2)) //V1或V2不是无向图的顶点
        {
            Console.WriteLine("此顶点不属于该图!");
            return false;
        }
        if(mat[GetIndex(V1),GetIndex(V2)]! = int.MaxValue)
        //V1和V2之间存在边
        {
            return true;
        }
```

```
            else    //V1 和 V2 之间不存在边
            {
                return false;
            }
        }
    }
```

除了定义无向图邻接矩阵类 NetMatrix <T>外，还需要设置两个一维数组 VertexSet 和 WeightsSet。VertexSet 用于存放顶点集合 U 中的各个顶点，WeightsSet 用于保存顶点集合 V－U 中的顶点与集合 U 中各个顶点构成的边中具有最小权值的边的权值。

上例中，开始时，U＝{V_1}，WeightsSet[0]＝0，表示顶点 V_1 在集合 U 中。数组 WeightsSet 中元素的值表示顶点 V_1 到其他相邻顶点构成边的权值。然后不断选取权值最小的边，在边（V_1，V_2）、（V_1，V_5）和（V_1，V_4）中找出权值最小的边。将 WeightsSet[2]＝75，表示顶点 V_2 已加入顶点集 U 中。因为集合发生了变化，数组 VertexSet 和 WeightsSet 要随时更新。

把普里姆算法 Prim 作为 Netmat <T>类的成员方法，具体算法实现如下：

```
public int[]Prim()
{
    int[]WeightsSet = new int[nodes.Length];      //权值数组
    int[]VertexSet = new int[nodes.Length];      //顶点数组
    int minwei = int.MaxValue;                   //最小权值
    for(int i =1; i <nodes.Length; ++i) //数组初始化
    {
        WeightsSet[i] =mat[0,i];
        VertexSet[i] =0;
    }
    WeightsSet[0] =0; //某个顶点加入顶点集 U
    VertexSet[0] =0;
    for(int i =0; i <nodes.Length; ++i)
    {
        int k =1;
        int j =1;
        while(j <nodes.Length) //选取权值最小的边和相应的顶点
        {
            if(WeightsSet[j] <minwei && WeightsSet[j]! =0)
            {
```

```
                k = j;
            }
            ++j;
        }
        WeightsSet[k] = 0; //新顶点加入顶点集U
        for(j = 1; j < nodes.Length; ++j)
        //重新计算该顶点到其余顶点的边的权值
        {
            if(mat[k,j] < WeightsSet[j])
            {
                WeightsSet[j] = mat[k,j];
                VertexSet[j] = k;
            }
        }
    }
    return VertexSet;
}
```

大家通过上面的算法和上面的案例，对最小数中 VertexSet 和 WeightsSet 数组，以及顶点集 U 和 V－U 的变化也比较了解，想进一步了解可以制作一个表格，行中表示每次访问的顶点和权值，列中表示各个顶点、U、V－U。在普里姆算法中，第一个 for 循环执行 n－1 次，第二个 for 循环中包括了 while 和 for 循环，执行2(n－1）次，所以普里姆算法的时间复杂度为 O(n)。

（2）克鲁斯卡尔（Kruskal）算法

克鲁斯卡尔算法的设计思路是，先假设有 n 个顶点、e 条边的图 G，分两种情况处理。第一种情况，如果图中的边数 e＝n－1，则 G 为最小生成树；否则，一定有 e＞n－1。将图 G 中的边按照权值升序排列。第二种情况，将图 G 中的边都去掉，只留下 n 个顶点作为初始树，再按照边的排放顺序逐个查看，如果当前树中边的集合 E(T）中的边不构成圈，则将它加入 E(T）中，直到 E(T）中有 n－1 条边为止。

克鲁斯卡尔算法如下。由于篇幅有限，算法代码不完成，大家可以参考该算法用编程语言实现。

```
public void KruskalTree()
{
    int n,e; //n个顶点,e条边
    Node<T>[]  VT = VG; //VT和VG具有相同的顶点
    private int[ ,]ET = null;
    //在原图EG中加上边和权值,并把权值按升序排列
```

```
    while(n<e-1)
    {
        //从 EG 图中选取权值最小的边(Vi,Vj)
        if(true) //边(Vi,Vj)在 VT 中不构成圈
        {
                //将边(Vi,Vj)加入 ET 中去
        }
        //将边(Vi,Vj)从 EG 中删除
}
```

7.5 最短路径

图和网络这种数据结构，除了生成最小生成树的应用外，还有一个非常典型的应用就是最短路径问题。

解决最短路径问题的典型案例就是交通出行问题。10 年来，我国的公路通车里程已经超过了410 万千米，足够绕地球 100 圈；我国铁路的运营总里程已经超过了 10 万千米，每天都在以超过 6 千米的速度延伸，而其中的高铁运营里程已经突破 1 万千米，位居世界第一；我国各大小城市已互通国内航空航班，很多大城市与国外已互通国际航班；还有水上交通工具等。有如此多的选择，我们在出行旅游时，经常会考虑路费开销，如走哪条线路，采用什么交通工具，如何花最少的钱在最短的时间内到达目的地。

要解决这个交通出行问题，可用带权图来表示。顶点表示城市名称，边表示两个城市之间连通的路，边上的权值表示两个城市之间的距离、交通费或时间等。最终要求是两个顶点之间连接的路径上边的权值之和最小，而不是边的数量最少。

在图中求顶点 V_i 到顶点 V_j 的所有路径中边的权值之和最小的那一条路径，就是两个顶点之间的最短路径（Shortest Path）。该路径上的第一个顶点为源点（Source），最后一个顶点为终点（Destination）。在不带权的图中，最短路径是指两个顶点之间经历的边数最少的路径。

7.5.1 单源点最短路径

1. 单源点最短路径的概念

最短路径是求某个源点到其他顶点的最短路径，也可以是图中任意两个顶点之间的最短路径。单源点最短路径（Monophyletic Point Shortest Path）是在给定的一个单源点和一个有向图中，求出该源点到其他各个顶点之间的最短路径。

【例 7-9】 图 7-15 有向图 G_{12} 中，设顶点 V_1 为源点，求单源点的最短路径。

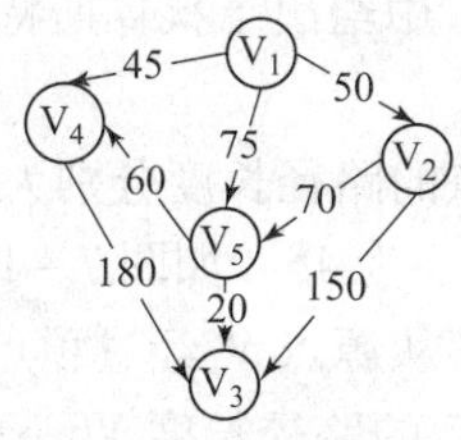

图7－15　有向图 G_{12}

对于图7－15，求单源点的最短路径，就是求 V_1 到其余各顶点的最短路径，见表7－1。

表7－1　源点 V_1 到其余顶点的最短路径

源点	中间顶点	终点	路径长度
V_1		V_4	45
V_1		V_2	50
V_1		V_5	75
V_1	V_5	V_3	95

从图7－15可以看出，从顶点 V_1 到顶点 V_3 有四条路径：①$V_1 \to V_4 \to V_3$，②$V_1 \to V_5 \to V_3$，③$V_1 \to V_2 \to V_3$，④$V_1 \to V_2 \to V_5 \to V_3$，这四条路径长度分别为225，95，200，140，因此第二条路径最短，为95。这是顶点 V_1 到顶点 V_3 的最短路径，那么顶点 V_1 到其他顶点的最短距离怎么求出来了呢？就需要把所有源点到终点的路径都列出来，然后选取最短的一条，这是手工选择的方式。如果路径特别多，顶点也特别多的情况，我们这样来处理，显然很麻烦，而且不一定能得出准确的结果，用计算机算法来实现就容易多了。狄克斯特拉（Dijkstra）算法是人们做了大量的实践后得到的算法，按路径长度递增的方式产生各个顶点的最短路径。

2. 狄克斯特拉算法

求单源点的最短路径问题，一般是在带权的有向图中处理这种问题。迪克斯特拉算法的设计思路是，对于一个带权的有向图G，先设置一个源点 V_i，再设置两个顶点集合S和T，顶点集S中存放已找到最短路径的顶点，顶点集T中存放还没找到最短路径的顶点。在初始状态时，顶点集S中只包含 V_i，顶点集T中包括其余所有顶点，V_i 对应的权值为0；然后再从顶点集T中选择到源点 V_i 路径最短的顶点u，把u加入顶点集S中，要对顶点集T中的各个顶点的权值进行一次修改；若加进来的顶点u是中间顶点，使 $<V_i, u> + <u, V_j>$ 的权值小于 $<V_i, V_j>$ 的权值，则用 $<V_i, u> + <u, V_j>$ 代替原来 V_i 的权值，修改后再在顶点集T中选取权值最小的顶点加入顶点集S中；重复此过程，直到顶点集T中的顶点都加到顶点集S中为止。

注：这里是求最短路径问题，以下涉及图中的权值，也被称为路径长度。

【例7－10】　以图7－15为例，用狄克斯特拉算法求带权有向图从某个源点到其余顶点最短路径的过程。

图7－16（a）、（b）、（c）、（d）中给出了狄克斯特拉算法求顶点 V_1 到其余各个顶点的最短路径的过程。算法实现步骤：

第一步，顶点 V_1 到其余各个顶点的路径长度分别为0，50，∞，45，75，从中选取路径最小的顶点 V_4，从 V_1 到 V_4 的最短路径为45，如图7－16（a）所示。

第二步，找到顶点 V_4 后，再观察从源点 V_1 经过顶点 V_4 到各个顶点的路径是否比更新为45的路径要小，可发现，从源点到 V_3 的路径长度 $V_1 \to V_4 \to V_3$ 更新为225，其余的路径长度不变。然后从已更新的路径中找出路径长度最小的顶点 V_2，从 V_1 到 V_2 的最短路径为50，如图7－16（b）所示。

第三步，找到顶点 V_2 后，再观察从源点 V_1 经过顶点 V_2 到各个顶点的路径是否比更新为50的路径要小，可发现，从源点到 V_3 的路径长度 $V_1 \to V_2 \to V_3$ 更新为200，其余的路径长度不变。然后从已更新的路径中找出路径长度最小的顶点 V_5，从 V_1 到 V_5 的最短路径为75，如图7－16（c）所示。

第四步，找到顶点 V_5 后，再观察从源点 V_1 经过顶点 V_5 到各个顶点的路径是否比更新为75的路径要小，可发现，从源点到 V_3 的路径长度 $V_1 \to V_5 \to V_3$ 更新为95，其余的路径长度不变。然后从已更新的路径中找出路径长度最小的顶点 V_3，从 V_1 到 V_3 的最短路径为95，如图7－16（d）所示。

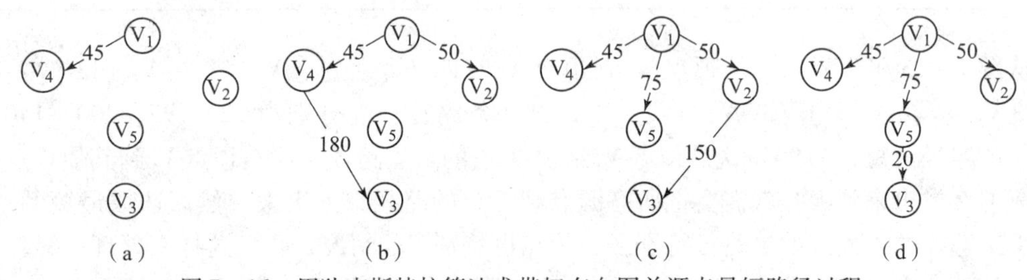

图7－16　用狄克斯特拉算法求带权有向图单源点最短路径过程

所有的顶点都被访问到，采用狄克斯特拉算法求单源点最短路径过程结束。

3. 狄克斯特拉算法实现

要实现狄克斯特拉算法，首先要实现有向图邻接矩阵类，用来存放图的顶点和权值。再用狄克斯特拉算法实现单源点最短路径问题的解决方案。有向图邻接矩阵类 DirNetMatrix <T> 中必须包括三个成员字段：第一个是用来存放有向图中顶点信息的一维数组 nodes；第二个是表示有向图的邻接矩阵的二维数组 mat，用来存放弧的信息；第三个是 num，表示有向图中弧的数量。有向图邻接矩阵类 DirNetMatrix <T> 实现如下：

```
public class DirNetMatrix<T>: IGraph<T>
     {
          private Node<T>[]nodes;          //有向图的顶点数组
          private int num;                 //弧的数量
          private int[,]mat;               //邻接矩阵数组
          public DirNetMatrix(int n)    //构造函数
```

```
    {
        nodes = new Node<T>[n];
        mat = new int[n,n];
        num = 0;
    }
    public Node<T> GetNode(int index)
    //获取索引为 index 的顶点信息
    {
        return nodes[index];
    }
    public void SetNode(int index,Node<T> V)
    //设置索引为 index 的顶点信息
    {
        nodes[index] = V;
    }
    public int Num //弧的数量属性
    {
        get
        {
            return num;
        }
        set
        {
            num = value;
        }
    }
    public int Getmat(int index1,int index2)
    //获取 mat[index1,index2]的值
    {
        return mat[index1,index2];
    }
    public void Setmat(int index1,int index2,int V)
    //设置 mat[index1,index2]的值
    {
        mat[index1,index2] = V;
    }
    public int GetNumOfVertex() //获取顶点数量
    {
```

```
        return nodes.Length;
    }
    public int GetNumOfEdge() //获取弧的数量
    {
        return num;
    }
    public bool IsNode(Node<T>V) //判断V是否是图的顶点
    {
        foreach(Node<T>nd in nodes)   //遍历顶点数组
        {
            if(V.Equals(nd))
            //如果顶点nd与V相等,则V是图的顶点,返回true
            {
                return true;
            }
        }
        return false;
    }
    public int GetIndex(Node<T>V) //获取V在顶点数组中的索引
    {
        int i = -1;
        for(i=0; i<nodes.Length; ++i)   //遍历顶点数组
        {
            if(nodes[i].Equals(V)) //如果顶点nd与V相等,返回索引值
            {
                return i;
            }
        }
        return i;
}
//在V1和V2之间添加权为V的弧
public void SetEdge(Node<T>V1,Node<T>V2,int V)
{
    if(! IsNode(V1) ||! IsNode(V2)) //V1或V2不是图的顶点
    {
        Console.WriteLine("该顶点不属于此图");
        return;
    }
```

```
        mat[GetIndex(V1),GetIndex(V2)] = V;
         ++num;
    }
    public void DelEdge(Node<T>V1,Node<T>V2)
    //删除V1和V2之间的弧
    {
        if(! IsNode(V1) ||! IsNode(V2)) //V1或V2不是图的顶点
        {
            Console.WriteLine("该顶点不属于此图");
            return;
        }
        if(mat[GetIndex(V1),GetIndex(V2)]! = int.MaxValue)
        //V1和V2之间存在弧
        {
            mat[GetIndex(V1),GetIndex(V2)] = int.MaxValue;
            --num;
        }
    }
    public bool IsEdge(Node<T>V1,Node<T>V2)
        //判断V1和V2之间是否存在弧
    {
        if(! IsNode(v1) ||! IsNode(v2)) //V1或V2不是图的顶点
        {
            Console.WriteLine("该顶点不属于此图");
            return false;
        }
        if( mat[GetIndex(V1),GetIndex(V2)]! = int.MaxValue)
        //V1和V2之间存在弧
        {
            return true;
        }
        else
        {
            return false;
        }
    }
}
```

使用有向图连接矩阵对象存储带权的有向图后，到源点的最短路径就可以采用狄克斯特拉算法实现了。在狄克斯特拉算法中，需要引入两个数组成员：第一个是一维数组 ShortPath，用来保存源点到各个顶点的最短路径的长度；第二个是二维数组 PathMat，用来保存从源点到某个顶点的最短路径上的顶点，如 PathMat[i][j]为 1，则 V_j 为从源点到顶点 V_i 的最短路径上的顶点，否则为 0。为了方便调用，这两个数组通常作为狄克斯特拉算法的参数使用。另外，为了表示某个顶点是否找到最短路径，在狄克斯特拉算法中设置了一维数组 fin，如果 fin[i]为 1，则表示已找到第 i 个顶点的最短路径，否则为 0，i 是该顶点在邻接矩阵中的序号。狄克斯特拉算法将作为有向图邻接矩阵类 DirNetMatrix <T> 的成员使用，具体实现如下：

```
public void Dijkstra(ref int[,]PathMat,ref int[]ShortPath,Node<T>n)
      {
      int k=0;
      int[]fin=new int[nodes.Length];
      for(int i=0; i<nodes.Length; ++i)   //初始化
      {
            fin[i]=0;
            ShortPath[i]=mat[GetIndex(n),i];
            for(int j=0; j<nodes.Length; ++j)
            {
                  PathMat[i,j]=0;
            }
            if(ShortPath[i]!=0 && ShortPath[i]<int.MaxValue)
            {
                 PathMat[i,GetIndex(n)]=1;
                 PathMat[i,i]=1;
            }
      }
      ShortPath[GetIndex(n)]=0; //n为源点
      fin[GetIndex(n)]=1;
      for(int i=0; i<nodes.Length; ++i)
       //处理从源点到其余顶点的最短路径
      {
           int min=int.MaxValue;
           for(int j=0; j<nodes.Length; ++j)
            //比较从源点到其余顶点的路径长度
           {
              if(fin[j]==0) //从源点到j顶点的最短路径还没有找到
              {
```

```
                    if(ShortPath[j] < min) //从源点到 j 顶点的路径长度最小
                    {
                        k = j;
                        min = ShortPath[j];
                    }
                }
            }
            fin[k] = 1;   //源点到顶点 k 的路径长度最小
            for(int j = 0; j < nodes.Length; ++j) //更新当前最短路径及距离
            {
                if((fin[j] == 0) &&(min + mat[k,j] < ShortPath[j]))
                {
                        ShortPath[j] = min + mat[k,j];
                        for(int w = 0; w < nodes.Length; ++w)
                        {
                            PathMat[j,w] = PathMat[k,w];
                        }
                        PathMat[j,j] = 1;
                }
            }
        }
    }
```

综上所述，狄克斯特拉算法的时间复杂度为 $O(n^2)$。

7.5.2　所有顶点对之间的最短路径

1. 顶点对之间的最短路径

顶点对之间的最短距离是指给定有向图中任意两个有序顶点的相互之间的最短距离。如有向图 G =(V，W)，G 中任意一对顶点 V_i，V_j之间互相连接，找出 V_i到 V_j和 V_j到 V_i的最短距离。单源点的最短路径是指定一个源点，求源点与其他各个顶点之间的最短距离，采用的是狄克斯特拉算法。顶点对之间的最短路径问题，需要在狄克斯特拉算法的基础上改进，轮流以每个顶点为源点，重复执行狄克斯特拉算法 n 次。还有一个解决方案就是弗洛伊德(Floyed) 算法。

重复 n 次的狄克斯特拉算法，我们在这里不再叙述。下面主要讲解弗洛伊德算法。

2. 弗洛伊德算法

弗洛伊德算法仍然使用单源点最短路径中定义的有向图邻接矩阵类 DirNetMatrix < T >，数组 mat[,] 用来存储带权有向图。设置一个 n 行 n 列的邻接矩阵 mat[n，n]，其中除对角线元素都为 0 外，其余元素表示顶点 V_i到顶点 V_j的路径长度，K 表示运算步骤。

弗洛伊德算法的设计思路是，初始时，以任意两个顶点之间的有向边的权值作为路径长度，没有有向边时，路径长度为∞，用 max 表示，当 k = 0 时，mat[i, j] = path[i, j]；然后逐步在原路径中加入其他顶点作为中间顶点，如果增加中间顶点后，得到的路径比原来的路径短，则用新路径代替原路径，修改矩阵元素。比如，先让所有边加上中间顶点 V_1，取 mat[i, j] 与 mat[i, 1] + mat[1, j] 中较小的值作 mat[i, j] 中的值，完成后得到第一次结果 mat[n, n] 矩阵；如此循环 k 次，最后得到的结果就是顶点 V_i 到顶点 V_j 的最短距离。

在用弗洛伊德算法求最短路径时，为方便求出中间经过的路径，设置二维数组 path[n, n]，其中 path[i, j] 是相应路径上顶点 j 的前一顶点的顶点号。

弗洛伊德算法描述如下：

```
int path[n,n]; //路径矩阵
int max,min;
public void floyed(int mat[,n],cost[,n])
{
      for(int i =0;i <n;i ++) //设置 mat 和 path 的初始值
      {
            for(int j =0;j <n;j ++)
            {
                  if(cost[i,j] <max)
                  {
                        path[i,j] =j;
                  }
                  else
                  {
                        path[i,j] =0;
                        Mat[i,j] =cost[i,j];
                  }
            }
      }
      //n 次迭代,每次试着将顶点 k 扩充到当前求得的从顶点 Vi 到 Vj 的最短路径上
      for(int k =0;k >n;k ++)
      {
            for( i =0;i <n;i ++)
            {
                  for(int j =0;j <n;j ++)
                  {
                        if(mat[i,j] >mat[i,k] +mat[k,j]) //修改路径和长度
                        {
                              mat[i,j] =mat[i,k] +mat[k,j];
```

```
                        path[i,j] = path[i,k];
                    }
                }
            }
        }
        for(i =0;i <n;i ++) //输出有定点对的最短路径长度和路径
        {
            for(int j =0;j <n;j ++)
            {
                Console.WriteLine("顶点对的最短路径长度" + mat[i,j]);
                mat[i +1,j +1] = path[i,j] //起点Vi的后继顶点
                if(mat[i +1,j +1] == 0) //无后继顶点,不存在最短路径
                {
                    Console.WriteLine("顶点Vi+1和顶点Vj+1之间不存在
本图中");
                }
                else
                {
                    Console.WriteLine("第" + (i +1).ToString() + "个
顶点最短路径存在");
                }
            }
            while(mat[i +1,j +1]! = j +1)
            //打印后继顶点,然后寻找下一个后继顶点
            {
                Console.WriteLine((mat[i +1,j +1]).ToString());
                mat[i +1,j +1] = path[mat[i +1,j +1] -1,j]
            }
            Console.WriteLine((j +1).ToString());
        }
    }
```

综上所示，弗洛伊德算法的时间复杂度为 $O(n^3)$。

【例7-11】 对图7-17所示有向带权图 G_{13} 用弗洛伊德算法求顶点对的最短路径。

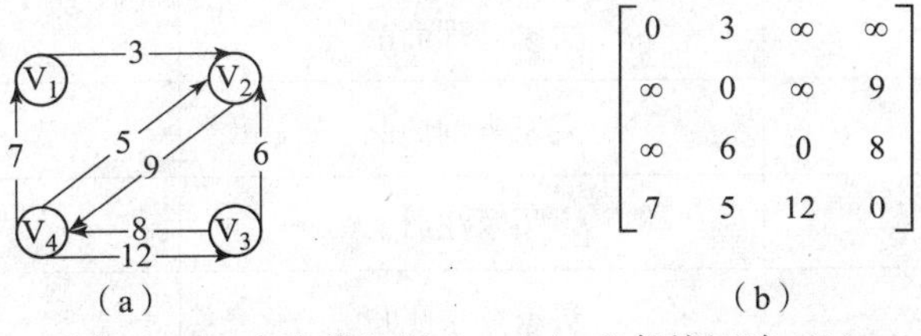

图7-17　有向带权图 G_{13}（a）和邻接矩阵（b）

对于图7－17，采用弗洛伊德算法，求出的顶点对的最短路径：

V_1到V_2的最短路径距离为3，路径为$V_1 \to V_2$。

V_1到V_3的最短路径距离为19，路径为$V_1 \to V_4 \to V_3$。

V_1到V_4的最短路径距离为12，路径为$V_1 \to V_2 \to V_4$。

V_2到V_1的最短路径距离为16，路径为$V_2 \to V_4 \to V_1$。

V_2到V_3的最短路径距离为21，路径为$V_2 \to V_4 \to V_3$。

V_2到V_4的最短路径距离为9，路径为$V_2 \to V_4$。

V_3到V_1的最短路径距离为15，路径为$V_3 \to V_4 \to V_1$。

V_3到V_2的最短路径距离为6，路径为$V_3 \to V_2$。

V_3到V_4的最短路径距离为8，路径为$V_3 \to V_4$。

V_4到V_1的最短路径距离为7，路径为$V_4 \to V_1$。

V_4到V_2的最短路径距离为5，路径为$V_4 \to V_2$。

V_4到V_3的最短路径距离为12，路径为$V_4 \to V_3$。

7.6 拓扑排序

拓扑排序（Topological Sort）是图的一个重要的应用，在实际工程或任务进行时应用非常广泛。比如大型工程的施工或生产作业流程，常常需要划分成若干个工作任务和工作流程，有的任务要先后作业，有的任务要并行作业，这些任务之间的先后顺序可以借助有向图来表示：顶点表示任务，有向边表示任务之间的先后顺序，我们把这种图叫作活动的图（Active On Vertex Network），简称AOV网。

在AOV网中，若顶点V_i到顶点V_j之间存在有向边，则称V_i是V_j的前驱，V_j是V_i的后继。若$<V_i, V_j>$是AOV网中的弧，则称V_i是V_j的直接前驱，V_j是V_i的直接后继。

【例7－12】 如表7－2所示购物网站操作流程的先后顺序，有的操作可以先进行，有的操作要后进行，如何用AOV网表示这些操作之间的关系？

表7－2 购物网站操作流程

购物操作序号	购物操作名称	前序操作
V_1	买家浏览网站	无
V_2	卖家注册	V_1
V_3	卖家登录	V_1，V_2
V_4	卖家管理商品	V_3
V_5	买家查询商品	V_1
V_6	买家注册	V_1
V_7	买家登录账户	V_6

续表

购物操作序号	购物操作名称	前序操作
V_8	买家购物	V_7
V_9	买家生成订单	V_7，V_8
V_{10}	卖家管理订单	V_3，V_9
V_{11}	卖家发货	V_{10}.

用 AOV 网表示这些操作之间的关系，如图7－18所示。

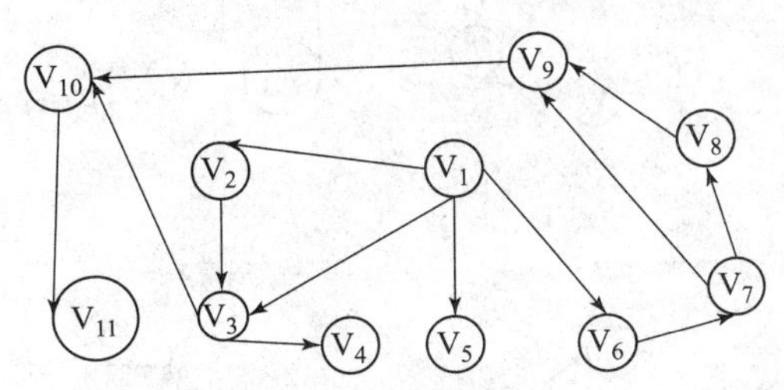

图7－18　购物网站操作流程 AOV 网

在 AOV 网中，不应该出现环路，有环路意味着操作进入死循环，就没有意义。如图7－18 中的有向图，如果出现环路，购物过程将没有办法进行。对于 AOV 网中是否存在环路，检测的方法就是对有向图进行拓扑排序，若网中所有顶点都在它的拓扑有序序列中，则 AOV 网必定不存在环路。

拓扑排序的步骤：第一步，在有向图中选择一个没有前驱的顶点且输出这个顶点；第二步，从图中删除该顶点和所有以它为尾的弧；重复这两步，直到全部顶点都已输出，或图中不存在无前驱顶点为止。否则，该有向图中存在环路。

以图 7－18 为例，采用拓扑排序算法，得到相应的拓扑序列。先删除顶点 V_1，并删除以顶点 V_1为尾的弧，往拓扑序列中加入顶点 V_1，如图 7－19（a）所示。再依次删除顶点 V_5、V_2和 V_6，并依次删除顶点 V_2和 V_6的弧，依次往拓扑序列中加入顶点 V_5、V_2和 V_6，如图7－19（b）、（c）、（d）所示。再删除顶点 V_7，并删除以顶点 V_7为尾的弧，往拓扑序列中加入顶点 V_7，如图 7－19（e）所示。再删除顶点 V_8，并删除以顶点 V_8为尾的弧，往拓扑序列中加入顶点 V_8，如图 7－19（f）所示。再删除顶点 V_9，并删除以顶点 V_9为尾的弧，往拓扑序列中加入顶点 V_9，如图 7－19（g）所示。再删除顶点 V_3，并删除以顶点 V_3为尾的弧，往拓扑序列中加入顶点 V_3，如图 7－19（h）所示。再删除顶点 V_4，并删除以顶点 V_4为尾的弧，往拓扑序列中加入顶点 V_4，如图7－19（i）所示。再删除顶点 V_{10}，并删除以顶点 V_{10}为尾的弧，往拓扑序列中加入顶点 V_{10}，如图 7－19（j）所示。再删除顶点 V_{11}，并删除以顶点 V_{11}为尾的弧，往拓扑序列中加入顶点 V_{11}。

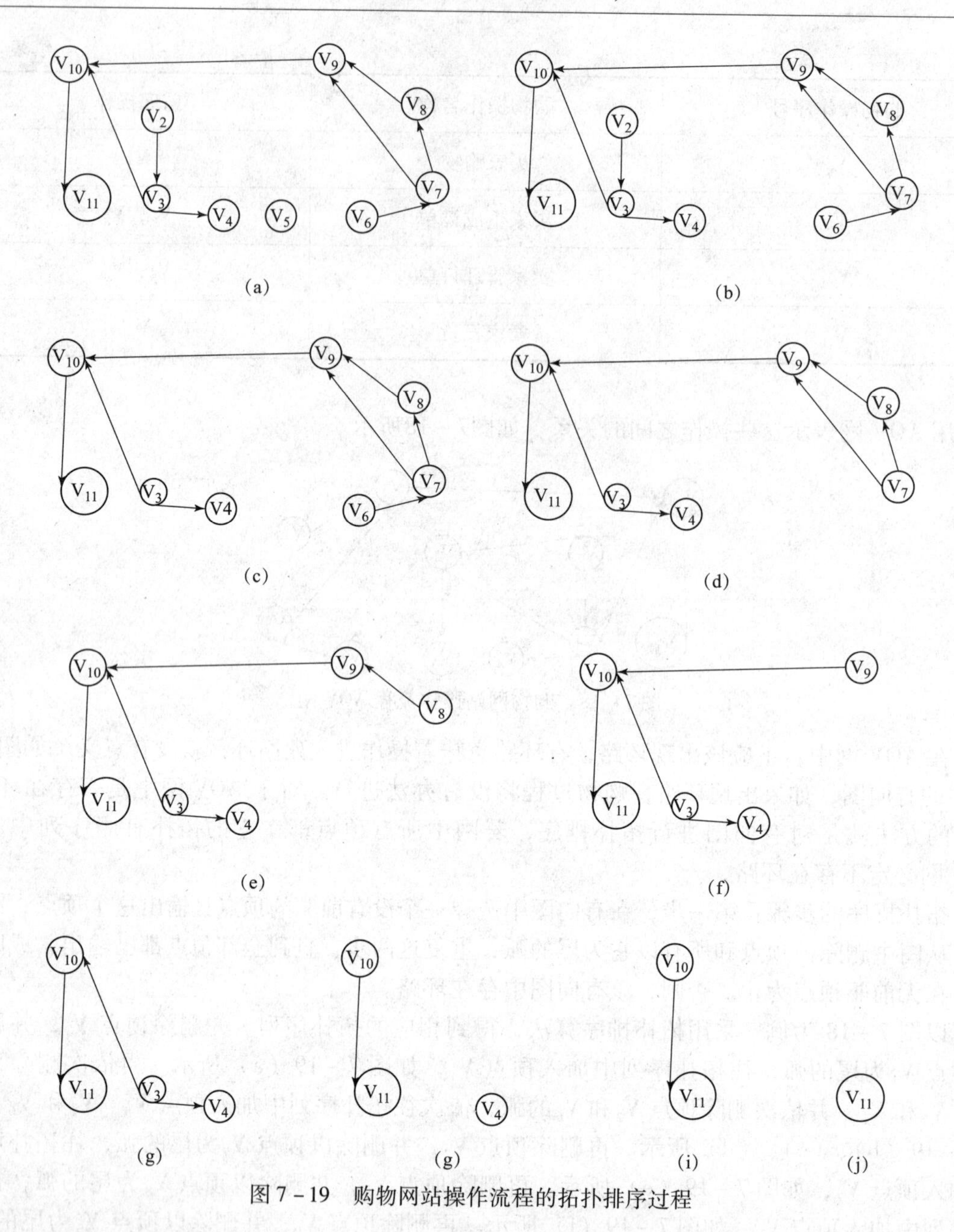

图 7-19　购物网站操作流程的拓扑排序过程

得到的拓扑序列为 V_1，V_5，V_2，V_6，V_7，V_8，V_9，V_3，V_4，V_{10}，V_{11}。

7.7　实训项目七——图的遍历

【实训】图的遍历

1. 实训说明

涉及图的操作的算法通常都是以图的遍历操作为基础的。试写一个程序，演示无向图的遍历操作。要求以邻接表为存储结构，实现连通无向图的深度优先和广度优先遍历。以用户指定的结点为起点，分别输出每种遍历下的结点访问序列和相应生成树的边集。

2. 程序分析

设图的结点不超过 30 个，每个结点用一个编号表示（如果一个图有 n 个结点，则它们的编号分别为 1，2，…，n），如图 7－20 所示。通过输入图的全部边输入一个图，每个边为一个数对，可以对边的输入顺序做出某种限制。

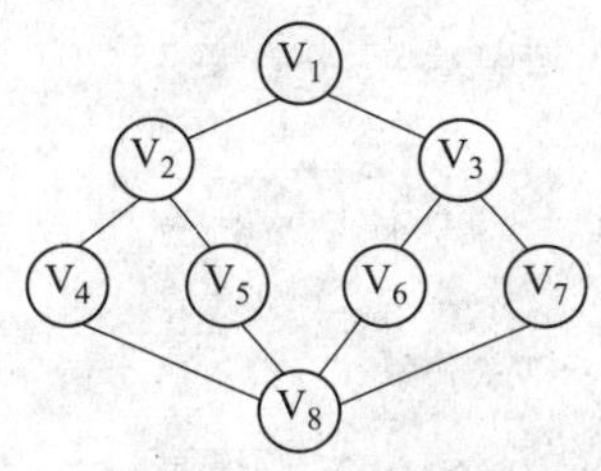

图 7－20　结点编号

本实训实现的是图的基本算法，即图的生成及遍历，以此为基础可以得到图的其他复杂算法。

本程序分为三个部分：

①建立图的存储结构，即图的生成，本实训中实现的是图的邻接表结构。

②图的深度优先遍历。

③图的广度优先遍历。

3. 程序源代码

```
using System;
using System.Collections.Generic;
namespace Ch07_graph
 {
   public class AdjacencyList <T >
   {
   List <Vertex <T > >items; //图的顶点集合
   public AdjacencyList():this(10) { } //构造方法
   public AdjacencyList(int capacity) //指定容量的构造方法
   {
        items =new List <Vertex <T > >(capacity);
   }
   public void AddVertex(T item) //添加一个顶点
   {    //不允许插入重复值
       if(Contains(item))
       {
           throw new ArgumentException("插入了重复顶点!");
       }
       items.Add(new Vertex <T >(item));
```

```
}
public void AddEdge(T from,T to) //添加无向边
{
    Vertex<T>fromVer = Find(from); //找到起始顶点
    if(fromVer == null)
    {
        throw new ArgumentException("头顶点并不存在!");
    }
    Vertex<T>toVer = Find(to); //找到结束顶点
    if(toVer == null)
    {
        throw new ArgumentException("尾顶点并不存在!");
    }
    //无向边的两个顶点都需记录边信息
    AddDirectedEdge(fromVer,toVer);
    AddDirectedEdge(toVer,fromVer);
}
public bool Contains(T item) //查找图中是否包含某项
{
     foreach(Vertex<T>v in items)
     {
          if(v.data.Equals(item))
          {
               return true;
          }
     }
     return false;
}
private Vertex<T>Find(T item) //查找指定项并返回
{
     foreach(Vertex<T>v in items)
     {
          if(v.data.Equals(item))
          {
               return v;
          }
     }
     return null;
```

```
    }
    //添加有向边
    private void AddDirectedEdge(Vertex<T> fromVer,Vertex<T> to-
Ver)
    {
        if(fromVer.firstEdge == null) //无邻接点时
        {
            fromVer.firstEdge = new Node(toVer);
        }
        else
        {
            Node tmp,node = fromVer.firstEdge;
            do
            {     //检查是否添加了重复边
                if(node.adjvex.data.Equals(toVer.data))
                {
                    throw new ArgumentException("添加了重复的边!");
                }
                tmp = node;
                node = node.next;
            }while(node != null);
            tmp.next = new Node(toVer); //添加到链表末尾
        }
    }
    public override string ToString() //仅用于测试
    {   //打印每个结点和它的邻接点
        string s = string.Empty;
        foreach(Vertex<T> v in items)
        {
            s += v.data.ToString() + ":";
            if(v.firstEdge != null)
            {
                Node tmp = v.firstEdge;
                while(tmp != null)
                {
                    s += tmp.adjvex.data.ToString();
                    tmp = tmp.next;
                }
```

```
            }
            s + = "\r\n";
        }
    return s;
}
//嵌套类,表示链表中的表结点
public class Node
{
      public Vertex <T>adjvex; //邻接点域
      public Node next; //下一个邻接点指针域
      public Node(Vertex <T>value)
      {
            adjvex = value;
      }
}
//嵌套类,表示存放于数组中的表头结点
public class Vertex <TValue>
{
      public TValue data; //数据
      public Node firstEdge; //邻接点链表头指针
      public Boolean visited; //访问标志,遍历时使用
      public Vertex(TValue value) //构造方法
      {
          data = value;
      }
}
public void DFSTraverse() //深度优先遍历
      {
            InitVisited(); //将 visited 标志全部置为 false
            DFS(items[0]); //从第一个顶点开始遍历
      }
      private void DFS(Vertex <T>v) //使用递归进行深度优先遍历
      {
            v.visited = true; //将访问标志设为 true
            Console.Write(v.data + " "); //访问
            Node node = v.firstEdge;
            while(node ! = null) //访问此顶点的所有邻接点
            {   //如果邻接点未被访问,则递归访问它的边
```

```
            if(! node.adjvex.visited)
            {
                DFS(node.adjvex); //递归
            }
            node = node.next; //访问下一个邻接点
        }
    }
    private void InitVisited() //初始化 visited 标志
    {
        foreach(Vertex <T >v in items)
        {
            v.visited = false; //全部置为 false
        }
    }
    public void BFSTraverse() //广度优先遍历
        {
            InitVisited(); //将 visited 标志全部置为 false
            BFS(items[0]); //从第一个顶点开始遍历
        }
        private void BFS(Vertex <T >v) //使用队列进行广度优先遍历
        {   //创建一个队列
            Queue <Vertex <T > >queue =new Queue <Vertex <T > >();
            Console.Write(v.data + " "); //访问
            v.visited =true; //设置访问标志
            queue.Enqueue(v); //进队
            while(queue.Count >0) //只要队不为空就循环
            {
                Vertex <T >w = queue.Dequeue();
                Node node =w.firstEdge;
                while(node ! =null) //访问此顶点的所有邻接点
                {   //如果邻接点未被访问,则递归访问它的边
                    if(! node.adjvex.visited)
                    {
                        Console.Write(node.adjvex.data + " ");
//访问
                        node.adjvex.visited =true; //设置访问标志
                        queue.Enqueue(node.adjvex); //进队
                    }
```

```
                        node = node.next; //访问下一个邻接点
                }
            }
        }
}

static void Main(string[]args)
        {
            AdjacencyList<string> a = new AdjacencyList<string>();
            a.AddVertex("V1");
            a.AddVertex("V2");
            a.AddVertex("V3");
            a.AddVertex("V4");
            a.AddVertex("V5");
            a.AddVertex("V6");
            a.AddVertex("V7");
            a.AddVertex("V8");
            a.AddEdge("V1","V2");
            a.AddEdge("V1","V3");
            a.AddEdge("V2","V4");
            a.AddEdge("V2","V5");
            a.AddEdge("V3","V6");
            a.AddEdge("V3","V7");
            a.AddEdge("V4","V8");
            a.AddEdge("V5","V8");
            a.AddEdge("V6","V8");
            a.AddEdge("V7","V8");
            Console.WriteLine("\n深度优先遍历:");
            a.DFSTraverse();
            Console.WriteLine("\n广度优先遍历:");
            a.BFSTraverse();
            Console.ReadKey();
            }
    }
```

运行结果：

深度优先遍历：

V1 V2 V4 V8 V5 V6 V3 V7

广度优先遍历：

V1 V2 V3 V4 V5 V6 V7 V8

本章小结

本章主要介绍了图的一些相关概念，如图、有向图、无向图、完全图、邻接点、度、入度、出度、子图、路径、路径长度、简单路径、回路、连通图、连通分量、强连通图、强连通分量、网络、生成树、最小生成树和最短路径等。

在介绍了图的相关概念的基础上，还介绍了图的两种常用存储结构：邻接表和邻接矩阵；接着讲解了图的遍历的两种方法：深度优先搜索和宽度优先搜索；然后讲解了最小生成树和最短路径的算法，最后讲解了拓扑排序算法。

本章介绍的算法相对较难，需要有离散数学的基础，读者需要理解算法的本质，掌握本章有关的术语和存储表示，在面对实际的图或网的问题时，能引用本章的内容解决具体实际问题。

习　题

1. 简述下列术语：图、连通图、强连通图、非连通图、邻接表、邻接矩阵、最小生成树、回路、最短路径。

2. 简述普里姆算法步骤。

3. 简述最短路径算法步骤。

4. 简述拓扑排序算法步骤。

5. 对 n 个顶点的无向图 G，采用邻接矩阵表示，如何判别下列有关问题：

（1）图中有多少条边？

（2）任意两个顶点 i 和 j 是否有边相连？

（3）任意一个顶点的度是多少？

第8章 查 找

本章学习导读

本章主要介绍查找的相关概念和作用，重点介绍查找表和有序表的查找方法，读者学习完本章后应能掌握折半查找的方法和查找长度的计算方法，能掌握线性表的两种存储结构的特点，还有哈希表的构造方法，并了解如何评价各种查找方法。

8.1 顺序查找

1. 查找的相关概念

查找是计算机科学中重要的研究课题之一，在计算机应用系统中，在查找方面所花费的时间占系统运行总时间的25%，所以查找算法的合理应用，对系统的运行效率影响非常大。

所谓查找（Search），就是在某一个数据表中查找给定的数据。例如，一个员工表中，要查找姓名为张三的职员的职工号、姓名、年龄、性别、籍贯和地址等信息。给定查找的数据称为关键字（Key）。查找得到的记录（Record），每个数据项称为字段（Segment）或域（Field）。被查找的数据表称为查找表（Search Table）。如果对查找表只进行查找操作，那么此类查找表称为静态查找表（Static Search Table）。如果对查找表进行插入和删除操作，那么此类查找表称为动态查找表（Dynamic Search Table）。在进行查找时，如果顺利找到某条记录，说明查找是成功的，否则查找失败。

2. 顺序查找

顺序查找（Sequence Search）又称线性查找（Linear Search），在查找表中，逐个查询各条记录，直到找到与关键字相符的记录为止，查询成功；如果整个查找表都查询完了，还没有找到与关键字相符的记录，查询失败。

【例8-1】 假设有一组数据{3，5，8，23，57，2}，顺序地存放在数组Arr[i]中。现给定一个关键字57，查询数组，能否找到57?

分析：将57与数组Arr中的第一个元素3比较，不相等；将57与5比较，不相等；将57与8比较，不相等；再将57与23比较，相等，找到57，返回查找成功。

3. 顺序查找算法

顺序查找的基本思路是：假设有n个记录，存放在数组Arr中，其中，第i个记录的值为Arr[i]，将给定的关键字x与数组中的记录逐个比较，如果找到要查询的记录，则查找成功，并标出记录在表中的位置；否则，查找失败，给出失败提示。

顺序查找算法的实现如下：

```
public int SeqSearch(int[]Arr,int x)
{
    int n =Arr.Length; //数组元素个数
    int i =0; //数组元素的位置
    int flag = -1; //查找关键字所在的位置
    for(i =0;i <n -1;i ++)
    {
        if(x ==Arr[i]) //比较
        {
            return falg =i; //查询成功
        }
    }
    if(flag >0)
    {
        Console.WriteLine("查找成功!");
        return flag;
    }
    else
    {
        Console.WriteLine("查找失败!");
    }
}
```

顺序查找方法，为了确定记录查找过程中比较的期望次数，用平均查找长度（Average Search Length，ASL）来衡量。对于n个元素，P_i表示查找表中第i个元素的概率，C_i表示从表中找到第i个元素所需的比较次数。ASL的计算公式为：

$$ASL = \sum_{i=1}^{n} P_i C_i$$

分析：在顺序表中，假设每个记录的查找概率相同，则

$$ASL = \sum_{i=1}^{n} P_i C_i = \frac{1}{n}\sum_{i=1}^{n} i = \frac{1}{n} \cdot \frac{n+1}{2} \cdot n = \frac{1}{2}(n+1)$$

顺序查找算法的时间复杂度就是平均查找长度，即$O(n)$。

从平均查找长度公式中，可以看出顺序查找的优点：既适用于顺序表，也适用于单链表。对表中元素的排序没有要求，插入元素很方便，在表尾插入元素即可，无须改变原有的元素位置。顺序查找的缺点就是不能查询很长的表，查询长表所需要的平均查找时间会很长。

8.2 折半查找

顺序表查找既可以用顺序查找的方法，也可以使用折半查找的方法。折半查找的方法是本节要学习的主要内容。

1. 折半查找

折半查找（Binary Search）又称为二分查找，跟顺序查找有所区别，顺序查找是从第一个记录开始逐个查找，并比较是否找到关键字，而折半查找是要先确定待查找记录的范围，然后逐步缩小查找范围，直到找到记录或找不到记录为止。

折半查找的基本思路是，先将按照从小到大的顺序排序的有序表用数组 Arr 来保存，用 n 来记录数组元素的个数，用 Arr[0] 来存放查找的关键字 x，用 low 记录有序表中的第一个元素的位置，用 high 记录有序表中的最后一个元素的位置；再取中间位置的序号 m = (n + 1)/2，相应记录的值为 Arr[m]。将给定的关键字 x 与 Arr[m] 比较，比较后会得到三种结果：

①x < Arr[m]，由于有序表中的元素是按照从小到大排序的，如果 x 存在，就在有序表的左边。这样，查找的范围就缩小一半了，再继续对左半部分查找。

②x == Arr[m]，查找成功。

③x > Arr[m]，由于有序表中的元素是按照从小到大排序的，如果 x 存在，就在有序表的右边。这样，查找的范围就缩小一半了，再继续对右半部分查找。

重复上述过程，查找区间不断折半，当最后只剩下一个记录，而此记录不是要找的记录时，查找失败。由于查找范围不断缩小，查找速度明显快于顺序查找。

【例 8-2】 假设有一组有序的数据 {4, 6, 9, 24, 25, 32, 75, 95}，顺序地存放在数组 Arr[i] 中。现给定一个关键字 6，使用折半查找方法查询数组中能否找到 6？

分析：数组 Arr = {4, 6, 9, 24, 25, 32, 75, 95}，数组元素的个数 n = 8，最小元素的位置 low = 1，最大元素的位置 high = 8，Arr[0] = 6；再取中间位置的序号 m = 4，Arr[4] = 24，将 6 与 24 比较，6 比 24 小，在数组左边继续查找；low = 1，high = 3，m = 2，Arr[2] = 6，查找成功。查找过程如图 8-1 所示。

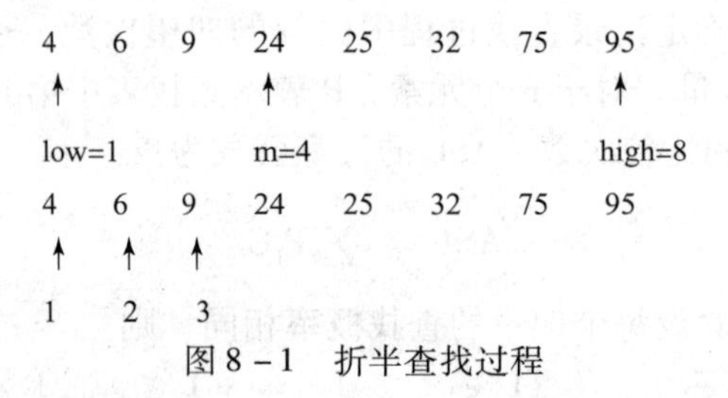

图 8-1 折半查找过程

2. 折半查找算法

有序表的折半查找算法，实际上是比较有序表中的数组元素与要查找关键字是否相等，是否大于或小于，折半查找算法如下：

```
public int BinarySearch(int[]Arr,int x)
    {
        Arr[0] =x;              //存放查找关键字 x
        int n =Arr.Length;      //数组长度
        int low =1;             //最小的元素的位置
        int high =n ;           //最大的元素的位置
```

```
        int m = 0;                  //初始中间位置
        int flag = -1;              //记录要查找关键字的位置
        while(low <= high)          //记录没查找完
        {
            m = (1 + n)/2;
            if(x < Arr[m])
            {
                high = m - 1;
            }
            else if(x == Arr[m])
            {
                flag = m;
                break;
            }
            else
            {
                low = m + 1;
            }
        }
        if(flag > 0)
        {
            Console.WriteLine("查找成功!");
            return flag;
        }
        else
        {
            Console.WriteLine("查找失败!");
        }
    }
```

折半查找的查找次数远远小于顺序查找的查找次数，当查找成功时，最少的比较次数为一次。最多经过 $\log_2 n$ 次比较之后，待查找子表要么为空，要么只剩下一个结点，所以，要确定查找失败需要 $\log_2 n$ 次或 $\log_2(n+1)$ 次比较。可以证明，折半查找的平均查找长度是：

$$ASL = \frac{n+1}{n}\log_2(n+1) - 1$$

从折半查找的平均查找长度 ASL 来看，表的长度 n 越长，折半查找的查找效率越高。折半查找的表还是线性表，如果经常要进行插入、删除操作，元素排列耗时太多，所以折半查找适用于一旦建立就很少改动的线性表的查找。如果需要经常改动，建议采用单链表存储，采用顺序查找方法查找。

8.3 分块查找

在小学阶段我们就会使用新华字典，为了查找方便，可以按照拼音查找的方法查找，也可以按照偏旁部首查找，分别根据拼音声母的第一个字母或部首查找，这种查找的方法就称为分块查找（Block Search），又称为索引顺序查找（Indexed Sequential Search）。

使用分块查找，在处理线性表时，既快速，又可以经常动态变化，将要查找的元素均匀分成几块，块间按照大小排序，块内不用排序。所以，使用分块查找时，需要建立一个块的最大或最小关键字表，即索引表。

分块查找的基本思路和步骤分三步进行：

①把一个较大的查找区间［1，n］按照某种规则分成若干个子块 Arr_1，Arr_2，…，Arr_k，可以按照从小到大的顺序分块，也可以按照从大到小的顺序分块，块内可有序也可无序，选择每块中最大或最小的元素作为索引表中的成员。

②根据已给定的查找关键字 x，很快定出查找子块 Arr_i。

③对 Arr_i结合某种查找方法继续查找 x。

【例 8－3】 由 20 个元素组成的一个线性表｛4，18，16，8，3，35，28，32，25，36，43，62，67，64，48，98，74，75，84，71｝，将其分成 4 块，然后查找线性表中是否有 8 存在。

分析：先将线性表中的 1～20 个元素分成四块，见表 8－1。

表 8－1 分块表

第一块 Arr_1	第二块 Arr_2	第三块 Arr_3	第四块 Arr_4
4，18，16，8，3	35，28，32，25，36	43，62，67，64，48	98，74，75，84，71

然后制定一个索引表，选取每块中最大的数做索引，见表 8－2。

表 8－2 索引表

索引 1	索引 2	索引 3	索引 4
18	36	67	98

根据给定的查找关键字 x＝8，查找出子块 Arr_1；对子块再采用顺序查找方法，由于子块内的数据不是有序的，将 8 与子块 Arr_1 中逐个数进行比较，先跟 4 比较，不相等；跟 18 比较，不相等；跟 16 比较，不相等；跟 8 比较，相等，查找成功。

分块查找的平均查找长度计算分为两部分：第一部分要确定查找关键字在表中哪一块，即折半查找的平均查找长度 ASL_b，第二部分要确定能否在块中找到查找关键字，即顺序查找的平均查找长度 ASL_e。分块查找的平均查找长度为：

$$ASL = ASL_b + ASL_e$$

设每块中有 s 个元素，可以近似得到：

$$ASL = \log_2\left(\frac{n}{s}+1\right)+\frac{s}{2}$$

分块查找的平均查找时间介于顺序查找和折半查找之间。

在有序表中，可以采用顺序查找、折半查找、分块查找方法；无序表中，可以采用顺序查找，分块查找要求元素是逐段有序的。

8.4 哈希法

8.4.1 哈希表和哈希函数的概念

前面的顺序查找、折半查找、分块查找方法，在查找时，需要将查找关键字与给定的一组记录中的数据进行比较，确定被查找记录在表中的位置、查找时间与表的长度有关。哈希法是将一组数据元素影像到一个有限的连续的存储地址集上，并以数据在地址集中的“像”作为记录在表中的存储位置，这种表称为哈希表（Hash Table）。在这一影像过程中称为哈希表或散列，所得的存储位置称为哈希地址（Hash Address）或散列（Hash）。

理想的查找情况是不经过任何比较，一次存取便能得到所查找的记录，这就必须在记录的存储位置和它的关键字之间建立一个确定的对应关系 f，使每个关键字和结构中的唯一位置相对应。在查找时，我们只要根据这个对应关系 f 找到给定值 x 的像 f(x)。若结构中存在关键字和 x 相等的记录，则必定在 f(x) 的存储位置上，不需要逐个比较，就可直接取得所查找的记录。我们称这个对应关系 f 为哈希函数（Hash Function）。

【例 8-4】　已知一个员工表，员工表中的数据项有员工编号、员工姓名、性别、年龄等，员工表见表 8-3，其中员工编号是关键字。请建立哈希表。

表 8-3　员工表

员工编号	员工姓名	性别	年龄
2012001	张三	男	35
2012002	王伟	男	25
2012003	李铁	男	28
2012004	陈珊	女	26
2012005	黄叶	女	31
2012006	王麒麟	男	33
2012007	刘嘉	女	27

分析：设定一个长度为 m 的哈希表 HT，然后构造哈希函数 f，按照关键字 x 计算出各个记录的散列地址 f(x)，将记录存放到 HT[f(x)] 中去。观察上面的员工表，长度 m = 7，员工编号 id 是关键字，员工编号的前四位是“2012”，后面的部分是单个数字，f(x) = id mod 2012，得到的哈希表见表 8－4。

表 8－4 哈希表

HT	员工编号	员工姓名	性别	年龄
1	2012001	张三	男	35
2	2012002	王伟	男	25
3	2012003	李铁	男	28
4	2012004	陈珊	女	26
5	2012005	黄叶	女	31
6	2012006	王麒麟	男	33
7	2012007	刘嘉	女	27

根据计算得到的散列地址，可将员工记录存储到哈希表中相应的位置，以后访问的时候，只要重新计算 f(x)，得到的散列地址上存放的就是某个员工的记录。如 HT[6]，存放的就是 2012006 员工编号的记录。如果增加一条员工记录，员工编号为 2012006，结果会发现 f(x)＝6，在散列地址 6 上已经有 2012006 编号的员工记录，这种情况称为冲突（Colision）或碰撞。不同的关键字值，具有相同的哈希地址，这种记录称作“同义词”。

8.4.2 哈希函数的构造方法

哈希函数的构造方法很多，怎样衡量哈希函数的优劣，是我们首要明确的问题。

好的哈希函数，要能使关键码紧密地存放在一个连续的存储地址上。经过哈希函数影像到地址集合中任何一个地址的概率是相等的，则称此类哈希函数是均匀的哈希函数。其可让一组关键字的哈希地址均匀地分布在整个地址区间中，从而减少冲突，提高查找效率。

构造哈希函数时，一般都要对关键码进行计算，尽量避免产生相同的哈希函数值，常用的哈希函数的构造方法如下：

1. 直接定址法

取关键字或关键字的某个线性函数值作为哈希地址，即 H(x)＝x 或 x＋a，其中 a 为常数。这种哈希函数又叫作自身函数。但这种函数只适用于哈希地址集合和关键字集合大小相同的情况，故不经常使用。

【例 8－5】 有一个人口统计表，其中年龄为关键字，人口统计表中还包括某个年龄段人数数量等，要求出 30 岁的人有多少。

分析：采用直接定址法构造哈希函数，H(x)＝x，然后在哈希表中查找哈希地址为 30 的数据项，找出 30 岁的人口数量即可。

2. 数字分析法

假设关键字是以 r 为基的数，比如以 10 为基的十进制数。如果哈希表中可能出现的关键字可以预测，则取关键字的若干数位组成哈希地址。

【例8-6】 有一组关键字，我们取其中的三位组成哈希散列地址。

k1 = 322482262

k2 = 322513678

k3 = 332228671

k4 = 322389671

k5 = 322546577

k6 = 322989576

k7 = 322193562

分析：我们发现这一组关键字第一位都是3，不均匀，不能作为哈希散列；第二位有6个2，不均匀，不可取；第三位都是2，不可取；第四位、第五位、第六位，重复的不多，可取；第七位、第八位、第九位重复的太多，不可取。第四位、第五位和第六位的数字取出来，分别是482，513，228，389，546，989，193。可以把这三位数字中做加法运算求和后舍去高位，只留个位数，作为哈希地址。哈希地址分别为4，9，2，0，6，2，3。查找的时候，取查找关键字x的第四位、第五位和第六位相加，取个位数，在哈希地址中查找即可。

数字分析法要预先知道关键字各位字符的分布情况，因此大大限制了它的实用性。

3. 除留余数法

取关键字被某个不大于哈希表表长m的数p除后所得的余数作为哈希地址。哈希函数 $f(x) = x \bmod p$，并且 $p \leq m$。除留余数法不仅可以对关键字直接取模，也可以在平方取中等运算后取模。这个方法虽然简单，但是对p的选择至关重要，如果p选取不好，容易产生同义词，产生冲突。一般情况下，p选择为质数，或20以内的质数。

4. 平方取中法

取关键字平方后的中间几位为哈希地址，通常我们不知道关键字的全部情况，选取其中几位，可能不一定合适。但是我们将一个数平方以后，中间几位数和数中的每一位都相关，得到中间几位数字是随机分布的，所以哈希地址也是随机的。具体取中间哪几位，由表的长度决定。

【例8-7】 假设关键字的长度不超过2个字符，在计算机内可用两位八进制数表示字母和数字，字母a~z对应八进制 $(01)_8$ ~ $(32)_8$，数字0~9对应八进制 $(33)_8$ ~ $(44)_8$，使用平方取中法来计算i，j，a3，ma的散列地址，见表8-5。

表8-5 平方取中法

关键字x	x的八进制表示	x^2	f(x)
i	1100	1 210 000	210
j	1200	1 440 000	440
a3	0136	0 021 204	021
ma	1501	2 514 201	514

上例中，取平方后，取左边的第2~4位作为散列地址。一般来说，采用平方取中法得到的哈希地址，产生冲突的概率较小，至于具体取中间哪几位，需要平方后再观察。

5. 折叠法

将关键字分割成位数相同的几部分，然后取这几部分叠加后的和，舍去进位作为哈希地址，这种方法称为折叠法。取的中间的位数可以是连续的，也可以是不连续的。

【例8-8】 设国际标准图书编号 k = 9787560928005，采用折叠法求哈希地址。

分析：采用折叠法求哈希地址，过程如图8-2所示。

8005	8005
+6092	+5602
14097	13607
移位叠加	间接叠加

图8-2 折叠法过程

8.4.3 冲突处理

哈希函数可以减少冲突，但是不能避免，因此，如何处理冲突是构造哈希表的时候要重点处理的问题。当关键字值的域远远大于哈希表的长度时，事先不知道关键字如何取值时，当插入的数据溢出哈希表时，冲突都是会产生的。下面讲解几个处理冲突的方法。

1. 线性探测法

假设有一个关键字 x 的记录要放入表中，先由哈希函数求出其在表中的地址 f(x) = j，探测表的第 j 个位置 HT[j] 的内容是否为空，如果为空，则插入记录；如果不为空，且第 j 个位置的记录的关键字不是 x，则发生冲突。这时线性探测就继续探测下一个位置 j + 1，直到找到空位置为止，插入记录；如果探测到最后一个位置，还是没有找到空位置，则从表头第一个位置，开始探测，直到找到空位置，插入记录；如果从头探测，还是没有找到空位置，那么整个表就满了，发生了溢出。

【例8-9】 如 HT 表中，已填有关键字分别为 18，63，23 的记录（哈希函数为 f(x) = x mod 11），现在有第四个记录，关键字的值为 38 和 30，采用线性探测的方法将 38 插入 HT 表中。

分析：哈希函数为 f(x) = x mod 11，哈希地址为 7，8，8；建立哈希表，见表8-6，要插入的关键字 38 的地址为 5，使用线性探测的方法，在哈希地址 5 上无关键字，把 5 放上去就可以了；要插入的关键字 30 的地址为 8，在哈希表上哈希地址为 8 上有关键字，向后探测，探测到表结束了，都没有空位置，再从头开始探测，哈希地址 1 上有关键字，继续向后探测，哈希地址 2 上没有关键字，把关键字 30 放到哈希地址 2 上，见表8-6。

表8-6 哈希表

1	2	3	4	5	6	7	8
23	30			38		18	63

线性探测法的优点是算法简单，缺点是会导致结点的“堆积”现象，就是当不停地探测，找空位的过程中，可能会出现很多同义词，占据了最佳位置，某些结点被插入相邻的存储单元中，查找效率降低。

2. 溢出区法

在线性探测法中，会出现结点“堆积”现象，增加了冲突发生的概率。溢出区法则另外开辟一个新的存储空间，把发生冲突的结点顺序地插入溢出区中去。所以溢出区法将散列表分成了基本区和溢出区。

【例 8－10】　某散列表中的基本长度为 5，其区间中放入了 3 条记录 r1，r2，r3，而溢出区长度为 4。现在要放入新记录 r4，新记录 r4 的关键字经过哈希函数计算出来的哈希地址为 3，但基本区中的 3 号位置已有关键字，则将新记录 r4 放入溢出区的第一个地址中，如图 8－3 所示。

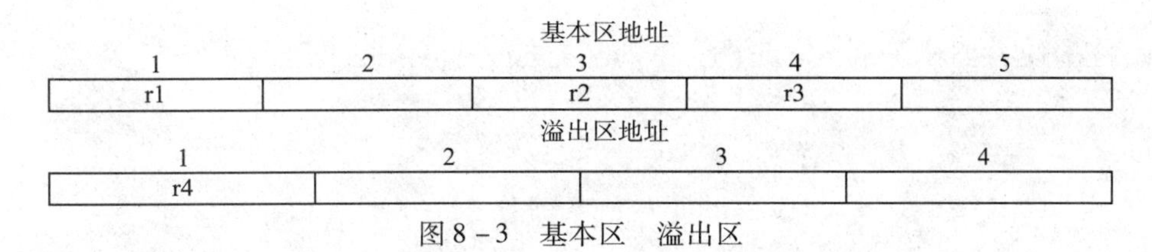

图 8－3　基本区　溢出区

与线性探测法相比，溢出区法的空间浪费可能多一点，但查找速度比较快。而且，溢出区也可以采用散列存储，形成二次散列。

3. 链地址法

链地址法的基本思路是：把相同散列地址的结点链接在同一个链表中，从而形成 n 条链。或者当哈希表中相应位置为空时，直接存放；当哈希表中相应位置为非空时，用链表连接。

【例 8－11】　已知 6 个记录的关键字值为 {6，12，15，38，44，55}，试构造哈希表来存放着 6 个记录，采用除留余数法解决哈希冲突链表问题。

分析：采用除留余数法，观察这些关键字的特点，哈希函数为 f(x) = x mod 6，生成哈希地址为 0，0，3，2，2，1。采用链地址法，构造哈希表，如图 8－4 所示。

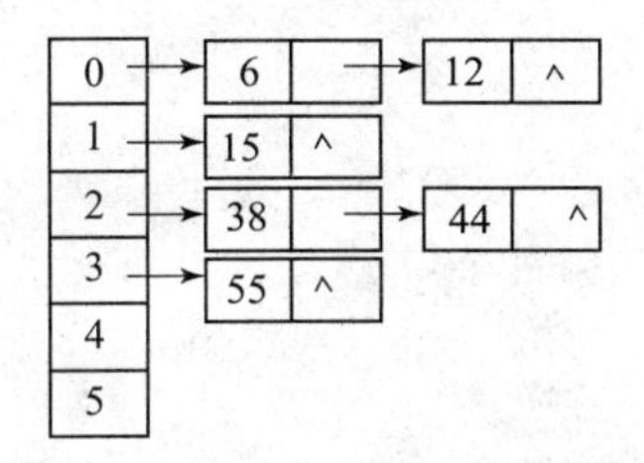

图 8－4　链地址法解决哈希冲突

跟线性探测法和溢出区法相比，链地址发的存储空间利用率很高，查找速度也很快。

8.5　实训项目八——折半查找算法的应用

【实训】折半查找算法的应用

1. 实训说明

掌握各种基本查找方法，比较几种基本查找方法的局限性和优劣性，能熟练应用到实际应用中，并写代码实现。

程序编写：编写一个函数，利用折半查找算法在一个有序表中插入一个元素 x，并保持表的有序性。

2. 算法分析

在有序表 T 中，有一组元素｛3，5，47，58，69，73，88｝，采用折半查找算法查找关键字等于或小于 55 的元素，m 正好指向等于 55 的元素或指向正好大于 55 的元素，插入 x 即可。

3. 程序源代码

```
public int BinaryInsert(int[ ]Arr,int x,int n)
    {
        Arr[0] =x; //存放查找关键字 x
        int low =1; //最小的元素的位置
        int high =n -1; //最大的元素的位置
        int m =0; //初始中间位置
        int flag = -1; //记录要查找关键字的位置
        int i =0;
        int inplace = -1; //在其位置之前插入 x
        int find =0; //找到插入位置为 1
        while(low <=high&&find =0) //记录没查找完
        {
            m =(1 +n)/2;
            if(x <Arr[m])
            {
                 high =m -1;
            }
            else if(x ==Arr[m])
            {
                flag =m;
                find =1;
                break;
            }
            else
            {
                low =m +1;
            }
    }
    if(find ==1)
```

```
    {
        inplace = m;
        Console.WriteLine("查找成功!");
        return flag;
    }
    else
    {
        inplace = low;
        Console.WriteLine("查找失败!");
    }
    for(i = n -1;i > = inplace;i --) //插入x
    {
        Arr[i +1] = Arr[i];
        Arr[inpalce] = x;
    }
}}
```

本章小结

本章学习了有关查找的基本内容，了解了查找的相关概念，如查找、关键字、平均查找长度、有序表、哈希表、哈希函数等，学习了查找的方法，如顺序查找、折半查找、分块查找和哈希法，还学习了这些算法的限制条件和优劣性，便于在具体情况中选择使用这些查找方法。

查找算法比较：查找算法没有绝对的好与坏，每种算法都有自己的优劣势，也有自身的局限性。表8－7所示是4种查找方法的比较。

表8－7　4种查找方法的比较

查找算法	存储结构	优点	缺点	适用情况
顺序查找	顺序结构、链表结构	算法简单且对表的结构无任何要求	查找效率低	N较小的表的查找和查找较少但改动较多的表（链表存储结构）
折半查找	顺序结构	查找效率高	关键字有序且只能顺序存储结构	特别适用于建立后很少改动又经常查询的线性表

续表

查找算法	存储结构	优点	缺点	适用情况
分块查找	顺序结构、链表结构	插入或删除只在该记录所在块内操作（块内记录是随意存放的，插入和删除方便）	要增加一个数组，对初始表分块排序	适用于分块特性明显的表（如学生表可按照专业编号或班级编号划分）
哈希法	顺序结构、链表结构	数据量大时，插入和删除效率高	需要计算存储地址，而且占用空间很大	数据量非常大的查找

习 题

1. 设有一组关键字序列｛34，56，67，344，26，67，89，23，78，98，5，6，38，47，29，4｝，当用折半查找算法查找关键字 5，29，38 时，其比较次数分别是多少？

2. 设单链表的结点是按关键字从大到小顺序排列的，试写出对此链表的查找算法，并说明是否可以采用折半查找。

3. 已知关键字集合｛5，46，24，67，97，3，64，53，28，59，18，9，4｝，按平均查找长度 ASL 最小的原则，画出分块存储示意图。

4. 什么是哈希表？什么是哈希函数？哈希法中为什么会出现冲突？

第9章 排　　序

本章学习导读

本章介绍排序的定义和各种排序方法，详细介绍各种方法的排序过程、依据的原则、时间复杂度。

排序方法“稳定”或“不稳定”的含义，弄清楚在什么情况下要求应用的排序方法必须是稳定的。

排序（Sort）是计算机程序设计中的一种重要操作，也是日常生活中经常遇到的问题。例如，字典中的单词是以字母的顺序排列的，否则，使用起来非常困难。同样，存储在计算机中的数据的次序，对于处理这些数据的算法的速度和简便性而言，也具有深远的意义。

排序是把一个记录（在排序中把数据元素称为记录）集合或序列重新排列成按记录的某个数据项值递增（或递减）的序列。

表9－1是一个学生成绩表，其中某个学生记录包括学号、姓名及计算机网络、C语言、数据结构等课程的成绩和总成绩等数据项。在排序时，如果用总成绩来排序，则会得到一个有序序列；如果以数据结构成绩进行排序，则会得到另一个有序序列。

表9－1　学生成绩表

学号	姓名	计算机网络	C语言	数据结构	总成绩
2012001	张斌	85	92	86	263
2012002	余芳	90	91	93	274
2012003	王群	66	63	64	193
2012004	秦岭	75	74	73	222
…	…	…	…	…	…

作为排序依据的数据项称为“排序项”，也称为记录的关键码（Keyword）。关键码分为主关键码（Primary Keyword）和次关键码（Secondary Keyword）。一般地，若关键码是主关键码，则对于任意待排序的序列，经排序后得到的结果是唯一的；若关键码是次关键码，排序的结果不一定唯一，这是因为待排序的序列中可能存在具有相同关键码值的记录。此时，这些记录在排序结果中，它们之间的位置关系与排序前不一定保持一致。如果使用某个排序方法对任意的记录序列按关键码进行排序，相同关键码值的记录之间的位置关系与排序前一致，则称此排序方法是稳定的；如果不一致，则称此排序方法是不稳定的。

例如，一个记录的关键码序列为（31，2，15，7，91，7＊），可以看出，关键码为7

的记录有两个（第二个加“＊”号以区别，以下同）。若采用一种排序方法得到的结果序列为（2，7，7＊，15，31，91），则该排序方法是稳定的；若采用另外一种排序方法得到的结果序列为（1，7＊，7，15，31，91），则这种排序方法是不稳定的。

由于待排序的记录的数量不同，使排序过程中涉及的存储器不同，可将排序方法分为内部排序（Internal Sorting）和外部排序（External Sorting）两大类。

内部排序指的是在排序的整个过程中，记录全部存放在计算机的内存中，并且在内存中调整记录之间的相对位置，在此期间没有进行内、外存的数据交换。

外部排序指的是在排序过程中，记录的主要部分存放在外存中，借助于内存逐步调整记录之间的相对位置。在这个过程中，需要不断地在内、外存之间交换数据。

显然，内部排序适用于记录不多的文件。而对于一些较大的文件，由于内存容量的限制，不能一次全部装入内存进行排序，此时采用外部排序较为合适。但外部排序的速度比内部排序要慢得多。内部排序和外部排序各有许多不同的排序方法。本书只讨论内部排序的各种方法。

排序问题的记录采用线性结构，同时，允许存取任意位置的记录，这和第2章讨论的线性表完全吻合。所以，排序问题的数据结构是线性表。

任何算法的实现都和算法所处理的数据元素的存储结构有关。线性表的两种典型存储结构是顺序表和链表。由于顺序表具有随机存取的特性，存取任意一个数据元素的时间复杂度为 O(1)，而链表不具有随机存取特性，存取任意一个数据元素的时间复杂度为 O(n)，所以，排序算法基本上是基于顺序表而设计的。

由于排序是以记录的某个数据项为关键码进行排序的，所以，为了讨论问题的方便，假设顺序表中只存放记录的关键码，并且关键码的数据类型是整型，也就是说，本章使用的顺序表是整型的顺序表 SqList <int>，下面讨论各种排序方法。

9.1 插入排序

插入排序的基本思想是：每次将一个待排序的记录，按其关键字大小插入前面已经排好序的表中的适当位置，直到全部记录插入完成为止。也就是说，将待排序的表分成左右两部分：左边为有序表（有序序列），右边为无序表（无序序列）。整个排序过程就是将右边无序表中的记录逐个插入左边的有序表中，构成新的有序序列。根据不同的插入方法，插入排序算法可以分为线性插入排序和折半插入排序。

9.1.1 线性插入排序

线性插入排序是所有排序方法中最简单的一种排序方法。其基本原理是顺序地从无序表中取出记录 Ri($1 \leqslant i \leqslant n$)，与有序表中记录的关键字逐个进行比较，找出其应该插入的位置，再将此位置及其后的所有记录依次向后顺移一个位置，将记录 Ri 插入其中。

假设待排序的 n 个记录为｛R1，R2，…，Rn｝，初始有序表为［R1］，初始无序表为［R2，…，Rn］。当插入第 i 个记录 Ri($2 \leqslant i \leqslant n$) 时，有序表为［R1，…，Ri－1］，无序表为［Ri，…，Rn］。将关键字 Ki 依次与 K1，K2，…，Ki－1 进行比较，找出其应该插入的位置，将该位置及其以后的记录向后顺移，插入记录 Ri，完成序列中第 i 个记录的插入排序。当完成序列中第 n 个记录 Rn 的插入后，整个序列排序完毕。

线性插入排序的算法如下：

```
/* 对顺序表 L 做直接插入排序 */
void Insert_Sort(SqList L)
{
    int i,j;
    for(i =2;i <=L.length;i ++)
      {//i 表示待插入元素的下标
          L.R[0] =L.R[i];   //设置监视哨保存待插入元素,腾出 R[i]空间
          j =i -1;     //j 指示当前空位置的前一个元素
          while(L.R[0].key <L.R[j].key)
            { //搜索插入位置并后移腾出空间
                L.R[j +1] =L.R[j];
                j --;
            }
    L.R[j +1] =L.R[0]; //插入元素
    }
} //Insert_Sort
```

最开始有序表中只有 1 个记录 R[1]，然后将 R[2] ~ R[n] 的记录依次插入有序表中，总共要进行 n - 1 次插入操作。首先从无序表中取出待插入的第 i 个记录 R[i]，暂存在R[0] 中；然后将 R[0]. key 依次与 R[i - 1]. key，R[i - 2]. key，…进行比较，如果 R[0]. key < R[i - j]. key(1≤j≤i - 1)，则将 R[i - j] 后移一个单元；如果 R[0]. key≥R[i - j]. key，则找到 R[0] 插入的位置 i - j + 1（此位置已经空出），将 R[0]（即 R[i]）记录直接插入。用同样的方法完成后面的记录 R[i + 1] 的插入排序，直到最后完成记录 R[n] 的插入排序，整个序列变成按关键字非递减的有序序列为止。在搜索插入位置的过程中，R[0]. key 与 R[i - j]. key 进行比较时，如果 j = i，则循环条件 R[0]. key < R[i - j]. key 不成立，从而退出。在这里 R[0] 起到了监视哨的作用，避免了数组下标的出界。

【例 9 - 1】 假设有 7 个待排序的记录，它们的关键字分别为 {49，27，65，97，76，13，27}，用线性插入法进行排序。

解：线性插入排序过程如图 9 - 1 所示。括号 {} 中为已排好序的记录的关键字，有两个记录的关键字都为 27，为表示区别，将后一个 27 用下划线标记。

整个算法执行 for 循环 n - 1 次，每次循环中的基本操作是比较和移动，其总次数取决于数据表的初始特性，可能有以下几种情况：

①当初始记录序列的关键字已是递增排列时，这是最好的情况。算法中 while 语句的循环体执行次数为 0，因此，在一趟排序中关键字的比较次数为 1，即 R[0] 的关键字与 R[j] 的关键字比较。而移动次数为 2，即 R[i] 移动到 R[0] 中，R[0] 移动到 R[j+1] 中。所以，整个排序过程中的比较次数和移动次数分别为（n - 1）和 2(n - 1)，因而其时间复杂度为 O(n)。

监视哨

	r[0]	r[1]	r[2]	r[3]	r[4]	r[5]	r[6]	r[7]
i=1		(49)	27	65	97	76	13	27
i=2	38	(27	49)	65	97	76	13	27
i=3	65	(27	49	65)	97	76	13	27
i=4	97	(27	49	65	97)	76	13	27
i=5	76	(27	49	65	76′	97)	13	27
i=6	13	(13	27	49	65	76	97)	27
i=7	27	(13	27	27	49	65	76	97)
排序结果：		(13	27	27	49	65	76	97)

图 9-1　线性插入排序过程

②当初始数据序列的关键字序列是递减排列时，这是最坏的情况。在第 i 次排序时，while 语句内的循环体执行次数为 i。因此，关键字的比较次数为 i，而移动次数为 i+1。所以，整个排序过程中的比较次数和移动次数分别为：

总比较次数　　$C_{max} = \sum_{i=2}^{n} i = \frac{(n-1)(n+2)}{2}$

总移动次数　　$M_{max} = \sum_{i=2}^{n} (i+1) = \frac{(n-1)(n+4)}{2}$

一般情况下，可认为出现各种排列的概率相同，可以证明，直接插入排序算法的平均时间复杂度为 $O(n^2)$。根据上述分析得知，当原始序列越接近有序时，该算法的执行效率就越高。

由于该算法在搜索插入位置时，遇到关键字值相等的记录时就停止操作，不会把关键字值相等的两个数据交换位置，所以该算法是稳定的。

9.1.2　折半插入排序

所谓折半查找，与前面讲的一样，就是在插入 R_i 时（此时 R_1，R_2，…，R_{i-1} 已排序），取 $R_{\lfloor i/2 \rfloor}$ 的关键字 $K_{\lfloor i/2 \rfloor}$ 与 K_i 进行比较，如果 $K_i < K_{\lfloor i/2 \rfloor}$，$R_i$ 的插入位置只能在 R1 和 $R_{\lfloor i/2 \rfloor}$ 之间，则在 R1 和 $R_{\lfloor i/2 \rfloor}-1$ 之间继续进行折半查找，如果 $K_i > K_{\lfloor i/2 \rfloor}$，则在 $R_{\lfloor i/2 \rfloor}+1$ 和 R_{i-1} 之间进行折半查找。如此反复，直到最后确定插入位置为止。折半查找的过程是以处于有序表中间位置记录的关键字 $K_{\lfloor i/2 \rfloor}$ 和 K_i 比较，每经过一次比较，便可排除一半记录，把可插入的区间缩小一半，故称为折半。

设置初始指针 low，指向有序表的第一个记录；尾指针 high，指向有序表的最后一个记录；中间指针 mid，指向有序表中间位置的记录。每次将待插入记录的关键字与 mid 位置记录的关键字进行比较，从而确定待插入记录的插入位置。

折半插入排序算法如下：

```
/* 对顺序表 R 做折半插入排序 * /
void Insert_HalfSort(SqList L)
{
    int i,j,low,high,mid;
    for(i =2; i <=L.length; i ++)
      {
        L.R[0] =L.R[i]; //L.R[0]为监视哨,保存待插入元素
        low =1;
        high =i -1; //设置初始区间
      while(low <=high)
        {//该循环语句完成插入位置的确定
          mid =(low +high) /2;
          if(L.R[0].key >L.R[mid].key) low =mid +1;
          //插入位置在后半部分中
          else high =mid -1;      //插入位置在前半部分中
        }
      for(j =i -1;j > =high +1; --j)   //high +1 为插入位置
        L.R[j +1] =L.R[j];   //后移元素,空出插入位置
      L.R[high +1] =L.R[0];     //将元素插入
    }
} //Insert_halfSort
```

折半插入所需的关键字比较次数与待排序的记录序列的初始排列无关，仅仅和记录个数有关。在插入第 i 个记录时，要确定插入的位置关键字的比较次数，因此用折半插入排序，进行的关键字比较次数为：

$$\sum_{i=1}^{n-1}(\lfloor \log_2 i\rfloor + 1) = \underbrace{1}_{2^0} + \underbrace{2+2}_{2^1} + \underbrace{3+3+3+3}_{2^2} + \underbrace{4+\cdots+4}_{2^3} + \cdots + \underbrace{k+k+\cdots+k}_{2^{k-1}}$$

$$= (1+2+2^2+\cdots+2^{k-1}) + (2+2^2+\cdots+2^{k-1}) + (2^2+\cdots+2^{k-1}) + \cdots + 2^{k-1}$$

$$= \sum_{i=1}^{k}\sum_{j=i}^{k}2^{j-1} = \sum_{i=1}^{k}2^{i-1}(1+2+2^2+\cdots+2^{k-i}) = \sum_{i=1}^{k}2^{i-1}(2^{k-i+1}-1)$$

$$= \sum_{i=1}^{k}(2^k - 2^{i-1}) = k\cdot 2^k - \sum_{i=1}^{k}2^{i-1} = k\cdot 2^k - 2^k + 1 = n\cdot\log_2 n - n + 1$$

$$\approx n\cdot\log_2 n$$

可见，折半插入排序所需的比较次数比线性插入排序的比较次数要少，但两种插入排序所需的辅助空间和记录的移动次数是相同的，因此，折半插入排序的时间复杂度为 $O(n^2)$。

9.2 希尔排序

希尔排序（shell 排序）是 Donald L. shell 在 1959 年提出的排序算法，又称为缩小增量

排序（递减增量排序），是对直接插入排序的一种改进，在效率上有很大提高。

其基本思想：先将原记录序列分割成若干子序列（组），然后对每个序列分别进行直接插入排序，经几次这个过程后，整个数据序列中的记录元素“排列”几乎有序，再对整个记录序列进行一次直接插入排序，此法的关键是如何分组：为了将序列分成若干个子序列，首先要选择严格的递减序列。

先从一个具体的例子来看希尔排序是如何执行的。

【例 9－2】 假设待排序文件有 10 个记录，其关键字分别是：49，38，65，97，76，13，27，49′，55，04。增量序列取值依次为：5，3，1。

第一趟排序：d1＝5，整个文件被分成 5 组：（R1，R6），（R2，R7），…，（R5，R10）各组中的第 1 个记录都自成一个有序区，我们依次将各组的第 2 个记录 R6，R7，…，R10 分别插入各组的有序区中，使文件的各组均是有序的，其结果见图 9－2 的第七行。

第二趟排序：d2＝3，整个文件被分为三组：（R1，R4，R7，R10），（R2，R5，R8），（R3，R6，R9），各组的第 1 个记录仍自成一个有序区，然后依次将各组的第 2 个记录 R4，R5，R6 分别插入该组的当前有序区中，使（R1，R4），（R2，R5），（R3，R6）均变为新的有序区，接着依次将各组的第 3 个记录 R7，R8，R9 分别插入该组当前的有序区中，使得（R1，R4，R7），（R2，R5，R8），（R3，R6，R9）均变为新的有序区，最后将 R10 插入有序区（R1，R4，R7）中就得到第二趟排序结果。

第三趟排序：d3＝1，即对整个文件做直接插入排序，其结果即为有序文件。

排序过程如图 9－2 所示。

[初始关键字] 49 38 65 97 76 13 27 49′ 55 04

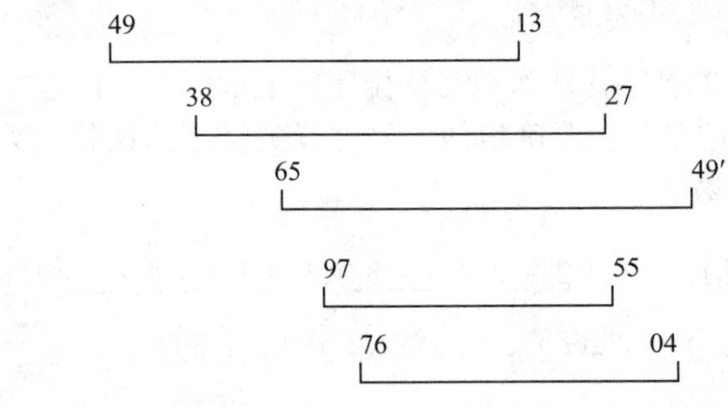

一趟排序结果： 13 27 49′ 55 04 49 38 65 97 76

13 55 38 76

27 04 65

49′ 49 97

二趟排序结果： 13 04 49′ 38 27 49 55 65 97 76

三趟排序结果： 04 23 27 38 49′ 49 55 65 76 97

图 9－2 希尔排序

设某一趟希尔排序的增量为 h，则整个文件被分成 h 组：$(R_1, R_{h+1}, R_{2h+1}, \cdots)$，$(R_2,$

R_{h+2}，R_{2h+2}，…)，…，(R_h，R_{2h}，R_{3h}，…)，因为各组中记录之间的距离均为 h，故第1～h 组的哨兵位置依次为 1－h，2－h，…，0。如果像直接插入排序算法那样，将待插入记录 R_i($h+1 \leqslant i \leqslant N$) 在查找插入位置之前保存到监视哨中，那么必须先计算 Ri 属于哪一组，才能决定使用哪个监视哨来保存 R_i。为了避免这种计算，可以将 R_i保存到另一个辅助记录 X 中，而将所有监视哨 R_{1-h}，R_{2-h}，…，R_0的关键字设置为小于文件中的任何关键字即可。因为增量是变化的，所以，各趟排序中所需的监视哨数目也不相同，但是可以按最大增量 d1 来设置监视哨。

从上面总结出希尔排序的算法如下：

```
public class ShellSorter
    {
        public void Sort(int[]arr)
          {
      int inc;
      for(inc =1;inc <= arr.Length/9;inc =3 * inc +1);
      for(;inc >0;inc/=3)
        {
      for(int i =inc +1;i <=arr.Length;I + =inc)
         {
            int t =arr[i -1]
            int j =i;
            while((j >inc)&&(arr[j -inc -1] >t))
              {
                  arr[j -1] =arr[j -inc -1];//交换数据
                  j - =inc;
              }
      arr[j -1] =t;
         }
    }
    }
    static void Main(string[]args)
    {
      int[]array =new int[]{49,38,65,97,76,13,27,49,55,04};
      ShellSorter s =new ShellSorter();
      s.Sort(array);
      foreach(int m in array)
      Console WriteLine("{0}",m);
    }
    }/* SHELLSORT * /
```

希尔算法中初始增量 d1 为已知，并且采用简单的取增量值的方法，从第二次起取增量值为其前次增量值的一半。在实际应用中，取增量的方法有多种，并且不同的方法对算法的时间性能有一定的影响，因而一种好的取增量的方法是改进希尔排序算法时间性能的关键。

希尔排序开始时增量较大，分组较多，每组的记录数较少，故各组内直接插入过程较快。随着每一趟中增量 d_i 逐渐缩小，分组数逐渐减少。虽然各组的记录数目逐渐增多，但是由于已经将 d_{i-1} 作为增量排过序，使序列表较接近有序状态，所以新的一趟排序过程也较快。

希尔排序的时间复杂度与所选取的增量序列有关，是所取增量序列的函数，介于 $O(n\log_2 n)$ 和 $O(n^2)$ 之间。增量序列有多种取法，但应使增量序列中的值没有除 1 之外的公因子，并且增量序列中的最后一个值必须为 1。从空间复杂度来看，与直接插入排序一样，希尔排序也只需要一个记录大小的辅助空间。

在例 9-2 中，两个相同关键字 49 在排序前后的相对次序发生了变化，显然希尔排序会使关键字相同的记录交换相对位置，所以希尔排序是不稳定的排序方法。

9.3 选择排序

选择排序是不断地从待排序的记录序列中选取关键字最小的记录，依次放到已排好序的子序列的最后，直到全部记录排好序。

选择排序的基本思想：第一趟从所有的 n 个记录中，通过顺序比较各关键字的值，选取关键字值最小的记录与第一个记录交换；第二趟从剩余的 n-1 个记录中选取关键字值最小的记录与第二个记录交换；……，第 i 趟从剩余的 n-i+1 个记录中选取关键字值最小的记录，与第 i 个记录交换；……，经过 n-1 趟排序后，整个序列就成为有序序列。

选择排序的具体实现过程如下：

①将整个记录序列划分为有序区和无序区，有序区位于最左端，无序区位于右端，初始状态有序区为空，无序区中有未排序的所有 n 个记录。

②设置一个整型变量 index，用于记录一趟里面的比较过程中当前关键字值最小的记录位置。开始将它设定为当前无序区的第一个位置，即假设这个位置的关键字最小，然后用它与无序区中其他记录进行比较。若发现有比它的关键字小的记录，就将 index 修改为这个新的最小记录位置。随后再用 a[index].key 与后面的记录进行比较，并随时修改 index 的值。一趟结束后，index 中保留的就是本趟选择的关键字最小的记录位置。

③将 index 位置的记录交换到有序区的最后一个位置，使得有序区增加了一个记录，而无序区减少了一个记录。

④不断重复步骤②和③，直到无序区剩下一个记录为止。此时所有的记录已经按关键字从小到大的顺序排列就位。

选择排序算法如下：

```
/* 对顺序表 L 做直接选择排序 */
void select_sort(Sqlist L)
{
  int i,j,index;
  for(i =1;i <=L.length -1;i ++)
```

```
  {//做 n-1 趟选择排序
    index=i; //用 m 保存当前得到的最小关键字记录的下标,初值为 i
    for(j=i+1;j<=L.length;j++)
      if(L.R[j].key<L.R[index].key) index=j;
      //记下最小关键字记录的位置
    if(index!=i)
      { //交换 R[i]和 R[m]
      L.R[0]=L.R[i];
      L.R[i]=L.R[index];
      L.R[index]=L.R[0];
      }
  } //for
} //select_sort
```

【例 9-3】　假定 n=8，文件中各个记录的关键字为（47，36，64，95，73，11，27，47），其中有两个相同的关键字 47，后一个用下划线标记。

每次进行选择和交换后的记录排列情况如下所示，假设［…］为有序区，{…} 为无序区。

初始关键字：　{47　36　64　95　73　11　27　47}
第一趟排序后：　[11] {36　64　95　73　47　27　47}
第二趟排序后：　[11　27] {64　95　73　47　36　47}
第三趟排序后：　[11　27　36] {95　73　47　64　47}
第四趟排序后：　[11　27　36　47] {73　95　64　47}
第五趟排序后：　[11　27　36　47　47] {95　64　73}
第六趟排序后：　[11　27　36　47　47　64] {95　73}
第七趟排序后：　[11　27　36　47　47　64　73] {95}
最后结果：　[11　27　36　47　47　64　73　95]

由算法可以发现，不论关键字的初始状态如何，在第 i 趟排序中选出最小关键字的记录，都需做 n-i 次比较，因此，总的比较次数为：

$$\sum_{i=1}^{n-1}(n-i) = n(n-1)/2$$

当初始关键字为正序时，不需移动记录，即移动次数为 0；当初始状态为逆序时，每趟排序均要执行交换操作，交换操作需做 3 次移动操作，总共进行 n-1 趟排序，所以，总的移动次数为 3(n-1) 次。可见，直接选择排序算法的时间复杂度为 $O(n^2)$。整个排序过程只需要一个记录大小的辅助存储空间用于记录交换，其空间复杂度为 O(1)。选择排序会使关键字相同的记录交换相对位置，所以选择排序是不稳定的排序方法。

9.4　堆　排　序

堆排序（heap sort）是一种发展了的选择排序。它比选择排序的效率要高。在堆排序中，把待排序的文件逻辑上看作是一棵顺序二叉树，并用到堆的概念。在介绍堆排序之前，先引入堆的概念。

假设有一个元素序列，以数组形式存储，对应一棵完全二叉树，编号为 i 的结点就是数组下标为 i 的元素，且具有下述性质：

①若 2 * i <= n，则 A[i] <= A[2 * i]；

②若 2 * i + 1 <= n，则 A[i] <= A[2 * i + 1]。

这样的完全二叉树称为堆。

假如一棵有 n 个结点的顺序二叉树可以用一个长度为 n 的一维数组来表示；反过来，一个有 n 个记录的顺序表示的文件，在概念上可以看作是一棵有 n 个结点的顺序二叉树。例如，一个顺序表示的文件（R1，R2，…，R9），可以看作图 9－3 所示的顺序二叉树。

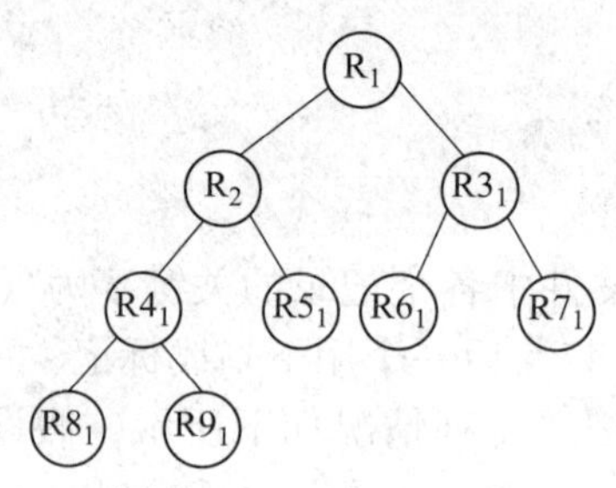

图 9－3　顺序二叉树

若将此序列对应的一维数组看成是一棵完全二叉树按层次编号的顺序存储，则堆的含义表明，完全二叉树中所有非终端结点的值均不小于（或不大于）其左、右孩子结点的值。因此，堆顶元素的值必为序列中的最小值（或最大值），即小顶堆（或大顶堆）。

如图 9－4 所示，（a）和（b）为堆的两个示例，所对应的元素序列分别为｛86，83，21，38，11，9｝和｛13，38，27，50，76，65，49，97｝。

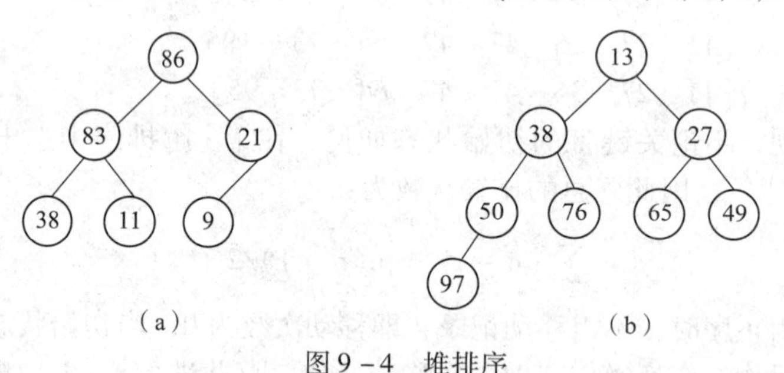

图 9－4　堆排序

（a）大顶堆；（b）小顶堆

对一组待排序的记录，首先把它们的关键字按堆定义排列成一个序列（称为初始建堆），将堆顶元素取出；然后对剩余的记录再建堆，取出堆顶元素；如此反复进行，直到取出全部元素为止，从而将全部记录排成一个有序序列。这个过程称为堆排序。堆排序的关键步骤是把一棵顺序二叉树调整为一个堆。

如何将一个无序序列建成一个堆？以小顶堆为例，其具体做法是：

把待排序记录存放在数组 R[1…n] 之中，将 R 看作一棵二叉树，每个结点表示一个记录，将第一个记录R[1] 作为二叉树的根，将R[2…n] 依次逐层从左到右顺序排列，构成一棵完全二叉树。任意结点R[i] 的左孩子是R[2i]，右孩子是R[2i+1]，双亲是R[i/2]。

将待排序的所有记录放到一棵完全二叉树的各个结点中。此时所有 $i>\lfloor n/2 \rfloor$ 的结点R[i] 都没有孩子结点，堆的定义是对非终端结点的限制，即堆只考查有孩子的点，即从完全二叉树的最后一个非终端结点A[n/2] 到A[n/2-1] …A[1]。对于 $i=\lfloor n/2 \rfloor$ 的结点R[i]，比较根结点与左、右孩子的关键字值，若根结点的值大于左、右孩子中的较小者，则交换根结点和值较小孩子的位置，即把根结点下移，然后根结点继续和新的孩子结点比较，如此一层一层地递归下去，直到根结点下移到某一位置时，它的左、右子结点的值都大于它的值或者已成为叶子结点。这个过程称为“筛选”。从一个无序序列建堆的过程就是一个反复“筛选”的过程，“筛选”需要从 $i=\lfloor n/2 \rfloor$ 的结点R[i] 开始，直至结点R[1] 结束。

【例9-4】　已知含8个元素的无序序列{49，38，65，97，76，13，27，50}，请给出其对应的完全二叉树及建堆过程。

因为n=8，n/2=4，所以从第4个结点起至第1个结点止，依次对每一个结点进行“筛选”。如图9-5所示，建立堆的过程如下：

①在图9-5（a）中，第4个结点97的左孩子是50，由于97>50，于是应交换结点97和左孩子50的位置，得到图9-5（b）。

②接着考虑第n/2-1个结点即第3个结点，左孩子和右孩子分别是50、76，38小于它们，所以不调整。

③然后是第2个结点65，左孩子和右孩子分别是13、27，由于65>13并且65>27，所以交换该结点和左孩子的位置，得到图9-5（c）。

④考虑第1个结点49，左孩子和右孩子分别是38、13，49>38并且49>13，所以交换该结点和右孩子的位置，得到图9-5（d）。由于交换以后第3个结点不是一个堆了，所以交换第3个结点和右孩子27。

⑤调整过程结束，得到图9-5（e）所示的新堆。

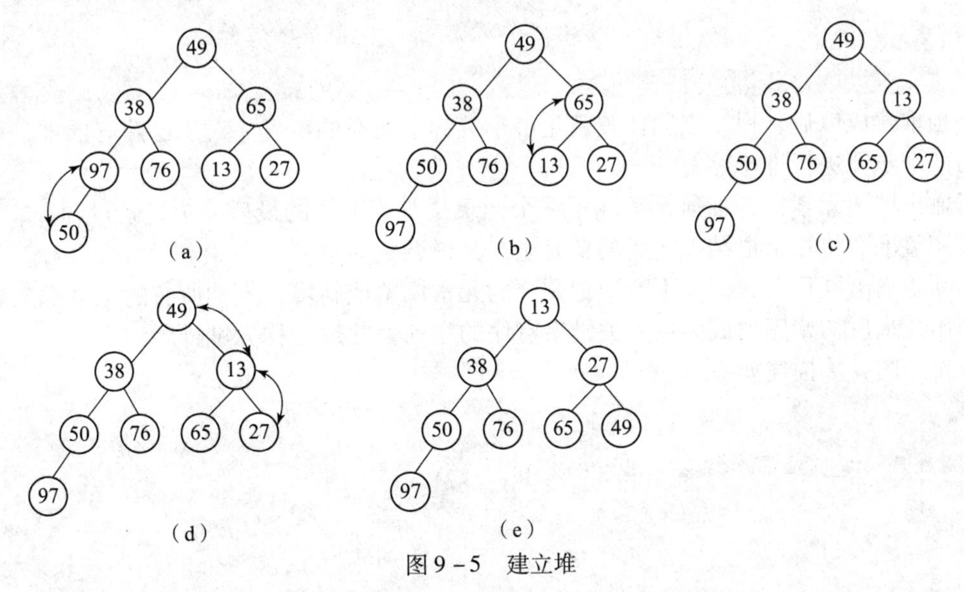

图9-5　建立堆

通过上面的过程可以发现，每次调整都是一个结点与左右孩子中小者交换，从最小的子树开始，每一个子树先变成堆，再往上一级对更大子树调整，直至根。在调整过程中，子树的根可能被破坏了，又不是堆了，则要重新调整。此时，以堆中最后一个元素替代；然后将根结点值与左、右子树的根结点值进行比较，并与其中较小的值进行交换；重复这个操作，直至叶子结点为止，将得到新的堆。这个调整过程要从被破坏的子树根开始，由上往下，一直到叶子结点为止全部核查一遍。当全部调整结束，堆才构成。

根据建堆过程示例，建立初始堆的筛选算法描述如下：

```
void Sift(SqList L,int k,int n)
  {/* k表示被筛选的结点的编号,n表示堆中最后一个结点的编号 */
     int j;
     j=2*k;                        //计算R[k]的左孩子位置
     L.R[0]=L.R[k];                //将R[k]保存在临时单元中
     while(j<=n)
     { //若i有左孩子
      if((j<n)&&(L.R[j].key>L.R[j+1].key)) j++;
      //选择左右孩子中最小者
      if(L.R[0].key>L.R[j].key)
        {//当前结点大于左右孩子的最小者
          L.R[i]=L.R[j];
          i=j;
          j=2*i;
        }
      else break; //当前结点不大于左右孩子
     }
     L.R[i]=L.R[0]; //被筛选结点放到最终合适的位置上
  } //Sift
```

小顶堆建成以后，根结点的位置就是最小关键字所在的位置。对于已建好的堆，可以采用下面两个步骤进行堆排序：

①输出堆顶元素：将堆顶元素（第一个记录）与当前堆的最后一个记录对调。

②调整堆：将输出根结点之后的新完全二叉树调整为堆。

不断地输出堆顶元素，又不断地把剩余的元素调整成新堆，直到所有的记录都变成堆顶元素输出，最后初始序列成为按照关键字有序的序列，此过程称为堆排序。

堆排序的算法描述如下：

```
/*对顺序表L做堆排序*/
void Heap_Sort(SqList L)
{
     int j;
     for(j=L.length/2;j>=1;j--) //建初始堆
```

```
    Sift(L,j,L.length);
    for(j=L.length;j>1;j--){ //进行n-1趟堆排序
      L.R[0]=L.R[1]; //将堆顶元素与堆中最后一个元素交换
      L.R[1]=L.R[j];
      L.R[j]=L.R[0];
      Sift(L,1,j-1); //将R[1]…R[j-1]调整为堆
    }
} //Heap_Sort
```

【例9-5】 对例9-4中的堆进行排序，如图9-6~图9-8所示。

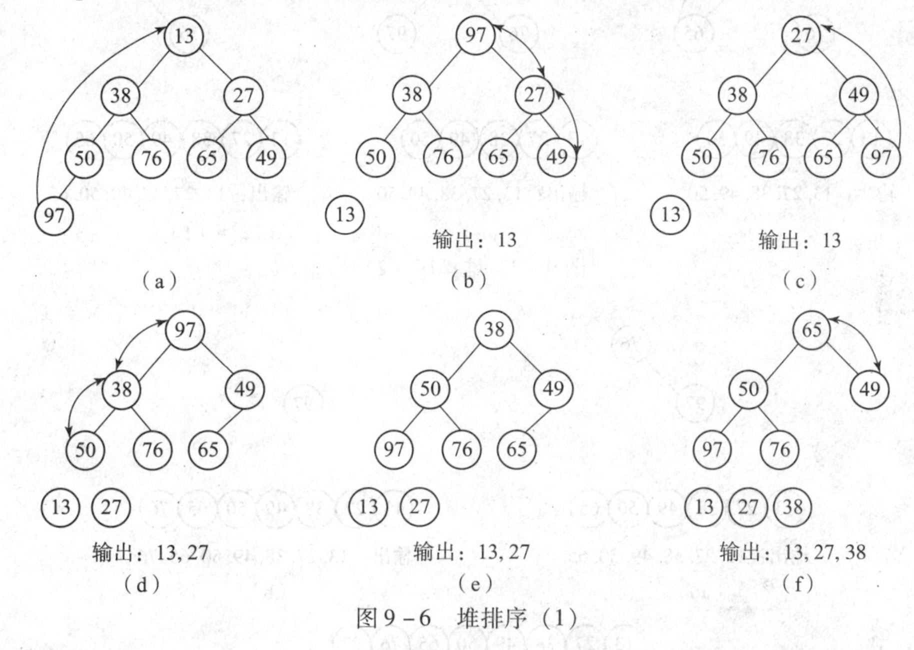

图9-6 堆排序（1）

首先输出堆顶元素13，然后将最后一个元素97放到顶端，得到图9-6（b）。

比较97和左孩子38、右孩子27，将右孩子与该结点交换位置。由于交换以后导致第3个结点比它的左右孩子结点都大，所以将第3个结点的右孩子49与之交换位置，调整堆状态，得到图9-6（c）。

输出当前的堆顶27。将最后一个元素97放到顶端，得到图9-6（d）。

将97与左孩子38、右孩子49进行比较，将38与97交换位置。然后调整二叉树状态，将38与它的左孩子50交换位置，得到图9-6（e）。

将堆顶38输出，最后一个元素49放到顶端，得到图9-6（f）。然后用同样的方法将剩下所有元素输出。得到图9-7和图9-8所示的结果。

从堆排序的全过程可以看出，它所需的比较次数为建立初始堆所需比较次数和重建新堆所需比较次数之和，即算法Heap_Sort中两个FOR语句多次调用算法Sift的比较次数的总和。

先看建立初始堆所需的比较次数，即算法Heap_Sort中执行第1个FOR语句时调用算法Sift的比较次数是多少。假设n个结点的堆的深度为k，即堆共有k层结点，由顺序二叉树的性质可知，$2^{k-1} \leqslant n < 2^k$。执行第1个FOR语句，对每个非终端结点$R_i$调用一次算法Sift。

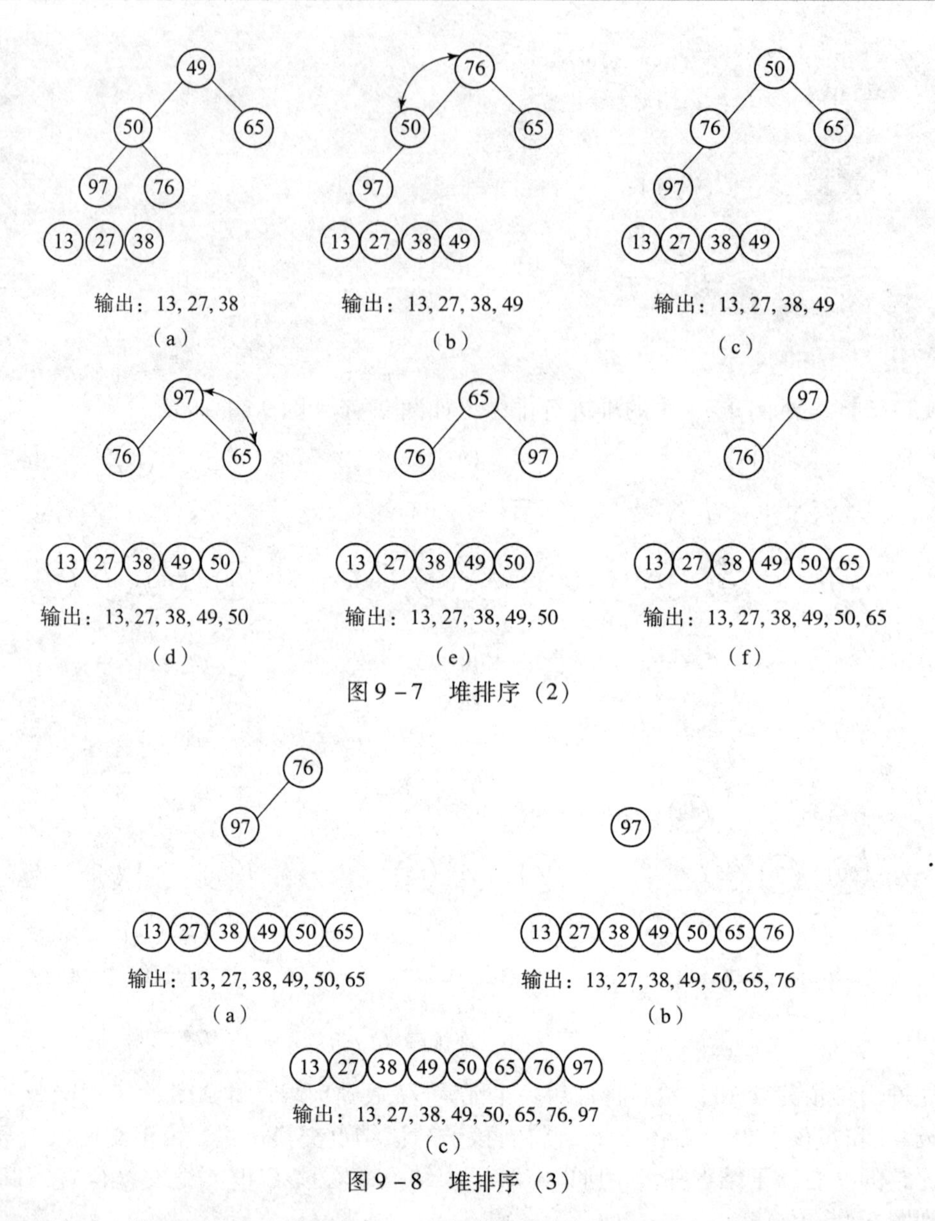

图 9－7　堆排序（2）

图 9－8　堆排序（3）

在最坏的情况下，第 j 层的结点都下沉 k－j 层到达最底层，根结点下沉一层，相应的孩子结点上移一层需要 2 次比较，这样，第 j 层的一个结点下沉到最底层最多需 2(k－j) 次比较。由于第 j 层的结点数为 2(j－1)，因此建立初始堆所需的比较次数不超过下面的值：

$$\sum_{j=k-1}^{1} 2(k-j)*2^{j-1} = \sum_{j=k-1}^{1}(k-j)*2$$

令 p＝k－j，则有

$$\sum_{j=k-1}^{1}(k-j)*2^{j} = \sum_{p=1}^{k-1} p*2^{k-p} = 2^{k}\sum_{p=1}^{k-1} p/2^{p} < 4n$$

其中，$2k \leqslant 2n$，$\sum_{p=1}^{k-1} p/2^{p} < 2$ 。

现在分析重建新堆所需的比较次数，即算法 Heap_Sort 中执行第 2 个 FOR 语句时，n－1

次调用算法 Sift 总共进行的比较次数。每次重建一个堆，仅将新的根结点从第1层下沉到一个适当的层次上，在最坏的情况下，这个根结点下沉到最底层。每次重建的新堆比前一次的堆少一个结点。设新堆的结点数为 I，则它的深度 $k = \lfloor \log_2 i \rfloor + 1$。这样，重建一个有 i 个结点的新堆所需的比较次数最多为 $2(k-1) = 2\lfloor \log_2 n \rfloor$。因此，n－1 次调用算法 adjust 时总共进行的比较次数不超过：

$$2(\lfloor \log_2(n-1) \rfloor + \lfloor \log_2(n-2) \rfloor + \cdots + \lfloor \log_2 2 \rfloor) < 2n\lfloor \log_2 n \rfloor$$

综上所述，在最坏的情况下，堆排序所需的比较次数不超过 $O(n\log_2 n)$，显然，所需的移动次数也不超过 $O(n\log_2 n)$。因此，堆排序的时间复杂度为 $O(n\log_2 n)$。堆排序是不稳定的排序方法。

9.5 快速排序

任意选取记录序列中的一个记录作为基准记录 Ri（一般可取第一个记录 R1），把它和所有待排序记录比较，将所有比它小的记录都置于它之前，将所有比它大的记录置于它之后，这一个过程称为一趟快速排序。

快速排序由霍尔（Hoare）提出，快速排序是一种平均比较次数最小的排序法，是目前内部排序中速度最快的，特别适用于大型表的排序。

快速排序法的基本策略是从表中选择一个中间的分隔元素（开始通常取第一个元素），该分隔元素把表分成两个子表：一个子表中的所有元素都小于该分隔元素，另一个子表中所有元素等于或大于该分隔元素，然后对各子表进行上述过程，将子表分成更小的子表。每次分隔形成的两个子表内部都是无序的，但两个子表相对分隔元素是有序的。最终，子表缩小为一个元素，元素间就变成有序的了。

快速排序的算法如下：

```
int Partition(Sqlist L,int low,int high)
{/*交换顺序表L中子表L.r[low..high]的记录,使支点记录到位,并返回其所在的
位置,此时在它之前的记录均不大于它,在它之后的记录均不小于它*/
    int i,j;
    i = low;
    j = high;
    L.R[0] = L.R[i]; //初始化,L.R[i]为基准记录,暂存入L.R[0]中
    while(i < j)
    {//从序列两端交替向中间扫描
      while(i < j&&L.R[0].key <= L.R[j].key) j --;//扫描比基准记录小的位置
                L.R[i] = L.R[j]; //将比基准记录小的记录移到低端
                while(i < j&&L.R[i].key <= L.R[0].key) i ++;
                //扫描比基准记录大的位置
                        L.R[j] = L.R[i]; //将比基准记录大的记录移到高端
    }
```

```
    L.R[i] = L.R[0]; //基准记录到位
    return i; //返回基准记录位置
  }
  void QuickSort(Sqlist L,int low,int high)
  { int k;
  if(low < high)
    {
      k = Partition(L,low,high); //调用一趟快速排序算法将顺序表一分为二
      QuickSort(L,low,k -1); //对低端子序列进行快速排序,k是支点位置
      QuickSort(L,k +1,high); //对高端子序列进行快速排序
    }
  } //QuickSort
```

【例 9－6】 已知一个无序序列，其为关键字值为{49，38，65，97，76，13，27，49}的记录序列，给出进行快速排序的过程，如图 9－9 所示。

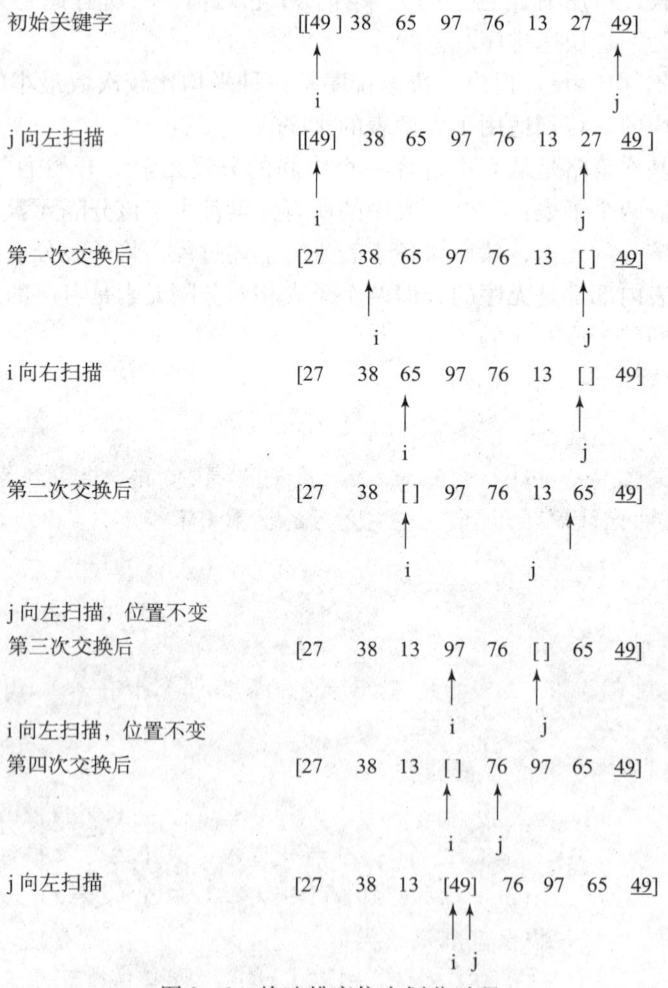

图 9－9 快速排序依次划分过程

每次排序之后的状态如下：

初始关键字：[49　38　65　97　76　13　27　$\underline{49}$]

一趟排序之后：　　[27　38　13]　49　[76　97　65　$\underline{49}$]

二趟排序之后：　　[13]　27　[38]　49 [$\underline{49}$　65]　76　[97]

三趟排序之后：　　13　27　38　49　$\underline{49}$　[65]　76　97

最后的排序结果：　13　27　38　49　$\underline{49}$　65　76　97

快速排序，最坏情况是第 n 次划分选取的基准都是当前无序区中关键字最小（或最大）的记录，划分的基准左边的无序子区为空（或右边的无序子区为空），而划分所得的另一个非空的无序子区中记录数目，仅仅比划分前的无序区中记录个数减少一个。因此，快速排序必须做 n-1 趟，每一趟中需进行 n-i 次比较，故总手工艺比较次数达到最大值：

$$C_{max} = \sum (n-i) = n(n-1)/2 = O(n2)$$

显然，如果按上面给出的划分算法，每次取当前无序区的第1个记录为基准，那么，当文件的记录已按递增序（或递减序）排列时，每次划分所取的基准就是当前无序区中关键字最小（或最大）的记录，则快速排序所需的比较次数反而最多。

在最好的情况下，每次划分所取的基准都是当前无序区的“中值”记录，划分的结果是基准的左、右两个无序子区的长度大致相等。设 C(n) 表示对长度为 n 的文件进行快速排序所需的比较次数，显然，它应该等于对长度为 n 的无序区进行划分所需的比较次数 n-1，加上递归地对划分所得的左、右两个无序子区（长度≤n/2）进行快速排序所需的比较总次数。假设文件长度 n=2k，那么总的比较次数为：

$$\begin{aligned}C(n) &\leqslant n+2C(n/2)\\ &\leqslant n+2[n/2+2C(n/22)]=2n+4C(n/22)\\ &\leqslant 2n+4[n/4+2C(n/23)]=3n+8C(n/23)\\ &\leqslant \cdots\\ &\leqslant kn+2kC(n/2k)=n\log_2 n+nC(1)\\ &=O(n\log_2 n)\end{aligned}$$

注意：式中 C(1) 为一常数，$k=\log_2 n$。

因为快速排序的记录移动次数不大于比较的次数，所以，快速排序的最坏时间复杂度应为 $O(n^2)$，最好时间复杂度为 $O(\log_2 n)$。为了改善最坏情况下的时间性能，可采用三者取中的规则，即在每一趟划分开始前，首先比较 R[1]. key，R[h]. key 和 R[(1+h)/2]. key，令三者中取中值的记录和 R[1] 交换。

可以证明：快速排序的平均时间复杂度也是 $O(n\log_2 n)$，它是目前基于比较的内部排序方法中速度最快的，快速排序也因此而得名。

快速排序需要一个栈空间来实现递归。若每次划分均能将文件均匀分割为两部分，则栈的最大深度为 $[\log_2 n]+1$，所需栈空间为 $O(\log_2 n)$。最坏情况下，递归深度为 n，所需栈空间为 O(n)。快速排序是不稳定的。

9.6 归并排序

归并排序（Merge Sort）也是一种常用的排序方法，“归并”的含义是将两个或两个以上的有序序列合并成一个新的有序序列。假设初始序列含有 n 个记录，则可看成是 n 个有序子序列，每个子序列的长度为 1，然后两两归并，得到长度为 2（最后一个序列的长度可能小于 2）的有序子序列；再两两归并，如此重复，直至得到一个长度为 n 的有序序列为止，每一次归并过程称为一趟归并排序，这种排序方法称为 2 路归并排序。2 路归并排序的核心是将相邻的两个有序序列归并成一个有序序列。类似地，也可以有“3 路归并排序”或“多路归并排序”。

【例 9-7】 设待排序的记录初始序列为 {20，50，70，30，10，40，60}，用 2 路归并排序法对其进行排序。

初始关键字　　[20] [50] [70] [30] [10] [40] [60]

第一趟归并后　　[20　50]　[30　70] [10　40] [60]

第二趟归并后　　[20　30　50　70] [10　40　60]

最后一趟归并结果　　[10　20　30　40　50　60　70]

下面介绍归并排序的算法。

1. 两个有序序列的归并算法

设线性表 L. R[low..m] 和 L. R[m+1..high] 是两个已排序的有序表，存放在同一数组中相邻的位置上，将它们合并到一个数组 L1. R 中，合并过程如下：

①比较两个线性表的第一个记录，将其中关键字值较小的记录移入表 L1. R（如果关键字值相同，可将 L. R[low..m] 的第一个记录移入 L1. R 中）。

②将关键字值较小的记录所在线性表的长度减 1，并将其后继记录作为该线性表的第一个记录。

③反复执行过程①和②，直到两个线性表中的一个成为空表，然后将非空表中剩余的记录移入 L1. R 中，此时 L1. R 成为一个有序表。

算法描述如下：

```
void Merge(Sqlist L,Sqlist L1,int low,int m,int high)
{/*L.R[low..m]和 L.R[m+1..high]是两个有序表*/
int i=low,j=m+1,k=low;
//k 是 L1.R 的下标,i、j 分别为 L.R[low..m]和 L.R[m+1..high]的下标
while(i<=m&&j<=high){
//在 L.R[low..m]和 L.R[m+1..high]均未扫描完时循环
if(L.R[i].key<=L.R[j].key){ //将 L.R[low..m]中的记录放入 L1.R 中
   L1.R[k]=L.R[i];
i++;
```

```
k ++;
}
else{ //将 L.R[m+1..high]中的记录放入 L1.R 中
L1.R[k] =L.R[j];
j ++;
k ++;
}
}
while(i <=m){ //将 L.R[low..m]余下部分复制到 L1.R 中
L1.R[k] =L.R[i];
i ++;
k ++;
}
while(j <=high){ //将 L.R[m+1..high]余下部分复制到 L1.R 中
L1.R[k] =L.R[j];
j ++;
k ++;
}
} //Merge
```

2. 一趟归并排序的算法

一趟归并排序是将若干个长度为 m 的相邻的有序子序列，由前至后依次两两进行归并，最后得到若干个长度是 2m 的相邻有序的序列，但可能存在最后一个子序列的长度小于 m，以及子序列的个数不是偶数这两种情况：

①若剩下一个长度为 m 的有序子表和一个长度小于 m 的子表，则使用前面的有序归并的方法归并排序。

②若子序列的个数不是偶数，只剩下一个子表，其长度小于等于 len，此时不调用算法 Merge( )，只需将其直接放入数组 L1. R 中，准备进行下一趟归并排序。

一趟归并排序算法描述如下：

```
void MergePass(Sqlist L,Sqlist L1,int m,int n)
{/* 对 L 进行一趟归并排序,结果存在 L1 中 */
  int i =0,j;
  while(i +2 *m -1 <n)
{
  Merge(L,L1,i,i +m -1,i +2 *m -1); //两个子序列长度相等的情况
  i =i +2 *m;
}
 if(i +m -1 <n -1) //剩下的两个子序列中,其中一个长度小于 m
  Merge(L,L1,i,i +m -1,n -1); //归并两个有序表
  else //子序列的个数为奇数
  for(j =i;j <n;j ++) L1.R[j] =L.R[j]; //复制最后一个子序列
} //MergePass
```

3. 二路归并排序算法

二路归并排序其实就是不断调用一趟归并排序，只需要在子序列的长度 m 小于 n 时，不断地调用一趟归并排序算法 MergePass( )，每调用一次，m 增大一倍就可以了，其中 m 的初值是 1。

其算法如下：

```
void Merge_Sort(Sqlist L,Sqlist L1,int n)
{/* 对 L 进行二路归并排序,结果仍在 L 中 * /
    int m =1;
    while(m <n)
     {
     MergePass(L,L1,m,n); //一趟归并,结果在 L1 中
     m =2 * m;
     MergePass(L1,L,m,n); //再次归并,结果在 L 中
     m =2 * m;
     }
} //Merge¬¬ _Sort
```

在算法中，每趟排序的数据存储在临时的顺序表 L1 中，所以，在每趟排序结束后，需要将排序的结果再返回到 L 中。

上述算法中，在第二个调用语句 MergePass 前并未判定 m > n 是否成立，若戍立，则排序已完成，但必须把结果从 L1 复制到 L 中。而当 m > n 时，执行 MergePass(L1， L， m， n) 的结果正好是将 L1 中唯一的有序文件复制到 L 中。

显然，第 i 趟归并后，有序子文件长度为 2，因此，对于具有 n 个记录的文件排序，必须做 $\lceil \log_2 n \rceil$ 趟归并，每趟归并所花的时间是 O(n)，所以，二路归并排序算法的时间复杂度为 $O(n\log_2 n)$。算法中辅助数组 R1 所需的空间是 O(n)。二路归并排序是稳定的。

9.7 基数排序

前介绍的排序方法都是根据关键字的值（单关键字）排序的大小来进行的。本节介绍的方法是按组成关键字的各个位置的值（多关键字）来实现排序的，这种方法称为基数排序（radix sort）。显然，多关键字排序是按一定规律将每一个关键字按其重要性排列，如选按系排列，系内再按专业序号递增排序。采用基数排序法需要使用一批桶（或箱子），故这种方法又称为桶排序列。

下面以十进制数为例来说明基数排序的过程。

假定待排序文件中所有记录的关键字为不超过 d 位的非负整数，从最高位到最低位（个位）的编号依次为 1，2，…，d。设置 10 个队列（即上面所说的桶），它们的编号分别为 0，1，2，…，9。当第一遍扫描文字时，将记录按关键字的个位（即第 d 位）数分别放到相应的队列中：个位数为 0 的关键字，其记录依次放入 0 号队列中 j 个位数为 1 的关键字，其记录放入 1 号队列中；……；个位数为 9 的关键字，其记录放入 9 号队列中。这一过

程叫作按个位数分配。现在把这10个队列中的记录，按0号，1号，…，9号队列的顺序收集和排列起来，同一队列中的记录按先进先出的次序排列。这是第1遍。第2遍排序使用同样的办法，将第1遍排序后的记录按其关键字的十位数（第d－1位）分配到相应的队列中，再把队列中的记录收集和排列起来。继续进行下去。第d遍排序时，按第d－1遍排序后记录的关键字的最高位（第1位）进行分配，再收集和排列各队列中的记录，便得到原文件的有序文件，这就是以10为基的关键字的基数排序法。

【例9－8】 给定序列{278,109,063,930,589,184,505,269,008,083}，请使用基数排序对该序列进行排序。

以静态链表存储待排记录，头结点指向第一个记录。链式基数排序过程如图9－10～图9－13所示。

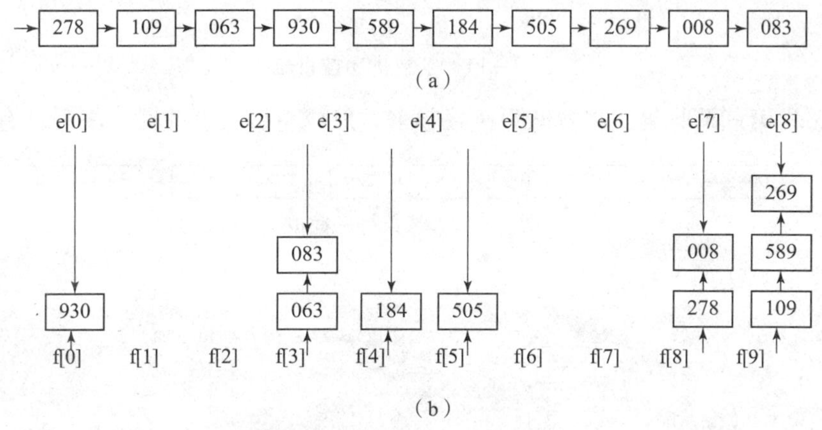

图9－10 基数排列按个位

图9－10（a）为初始记录的静态链表。图9－10（b）为第一趟按个位数分配，其中修改结点指针域，将链表中的记录分配到相应链队列中。

图9－11（a）为第一趟收集，将各队列链接起来，形成单链表。图9－11（b）为第二趟按十位数分配，修改结点指针域，将链表中的记录分配到相应链队列中。

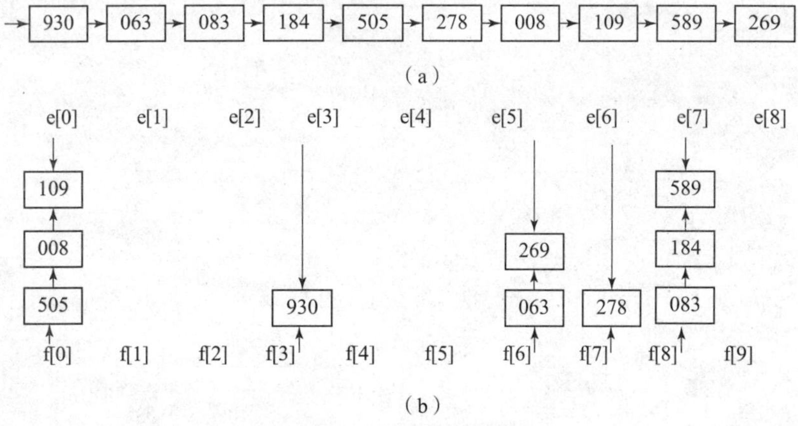

图9－11 基数排序按十位

图9－12（a）为第二趟收集，将各队列链接起来，形成单链表。图9－12（b）为第三

趟按百位数分配，修改结点指针域，将链表中的记录分配到相应链队列中。

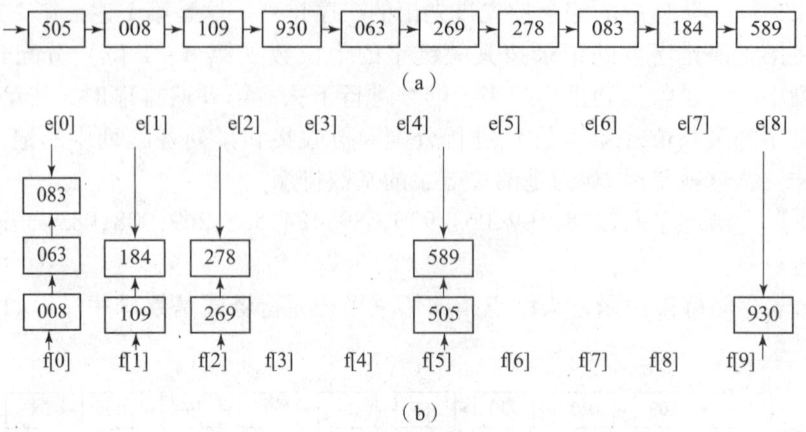

图 9－12　基数排序按百位

图 9－13 为第三趟收集，将各队列链接起来，形成单链表。此时，序列已有序。

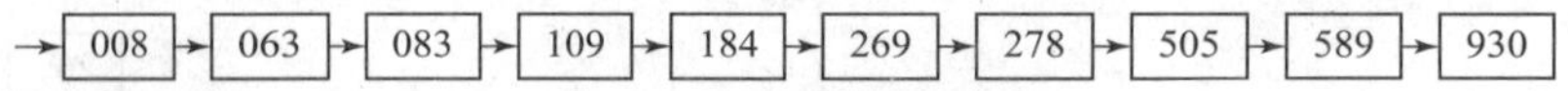

→ 008 → 063 → 083 → 109 → 184 → 269 → 278 → 505 → 589 → 930

图 9－13　基数排序完成

基数排序的算法如下所示：

```
public int[]RadixSort(int[]ArrayToSort,int digit)
{
    //low to high digit
   for(int k =1; k <=digit; k ++)
   {
      //temp array to store the sort result inside digit
      int[]tmpArray =new int[ArrayToSort.Length];
      //temp array for countingsort
      int[]tmpCountingSortArray =new int[10]{0,0,0,0,0,0,0,0,0,0};
      //CountingSort
      for(int i =0; i <ArrayToSort.Length; i ++)
      {
         //split the specified digit from the element
         int tmpSplitDigit =ArrayToSort[i]/(int)Math.Pow(10,k -1) -
(ArrayToSort[i]/(int)Math.Pow(10,k)) *10;
         tmpCountingSortArray[tmpSplitDigit] + =1;
      }
      for(int m =1; m <10; m ++)
      {
```

```
            tmpCountingSortArray[m] + =tmpCountingSortArray[m -1];
        }
        //output the value to result
        for(int n =ArrayToSort.Length -1; n > =0; n --)
        {
            int tmpSplitDigit =ArrayToSort[n]/(int)Math.Pow(10,k -1) -
(ArrayToSort[n]/(int)Math.Pow(10,k)) *10;
            tmpArray[tmpCountingSortArray[tmpSplitDigit] -1] =
ArrayToSort[n]
            tmpCountingSortArray[tmpSplitDigit] - =1;
        }
        //copy the digit - inside sort result to source array
        for (int p =0; p <ArrayToSort.Length; p ++)
        {
            ArrayToSort[p] =tmpArray[p];
        }
    }
    return ArrayToSort;
}
```

基数排序所需的计算时间不仅与文件的大小 n 有关，还与关键字的位数 d、关键字的基 r 有关。基数排序的时间复杂度为 O(d(n+r))，其中，一趟分配时间复杂度为 O(n)，一趟收集时间复杂度为 O(radix)，共进行 d 趟分配和收集。基数排序所需的辅助存储空间为 O(n+rd)，需要 2 * radix 个指向队列的辅助空间，以及用于静态链表的 n 个指针。基数排序是稳定的。

9.8 外部排序

外部排序基本上由两个相对独立的阶段组成。首先，按可用内存大小，将外存上含 n 个记录的文件分成若干长度为 l 的子文件或段（segment)，依次读入内存并利用有效的内部排序方法对它们进行排序，并将排序后得到的有序子文件重新写入外存，通常称这些有序子文件为归并段或顺串（run)；然后，对这些归并段进行逐趟归并，使归并段（有序的子文件）逐渐由小至大，直至得到整个有序文件为止。显然，第一阶段的工作是前面已经讨论过的内容。本节主要讨论第二阶段即归并的过程。先从一个具体例子来看外排中的归并是如何进行的。

假设有一个含 10 000 个记录的文件，首先通过 10 次内部排序得到 10 个初始归并段 R1 ~ R10，其中每一段都含 1 000 个记录。然后对它们做如图 9 - 14 所示的两两归并，直至得到一个有序文件为止。

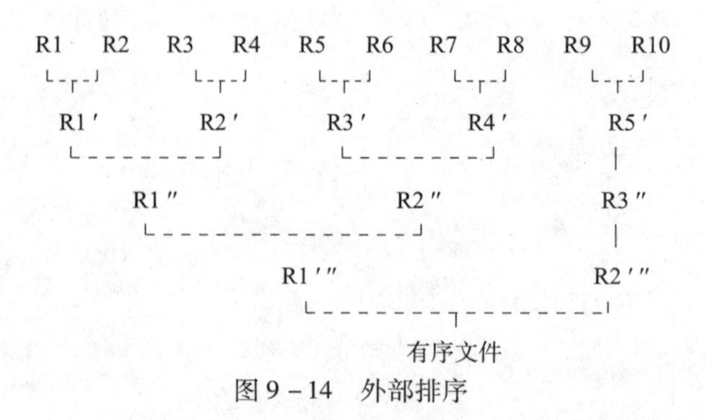

图9－14　外部排序

从图9－14可见，由10个初始归并段得到一个有序文件，共进行了四趟归并，每一趟从m个归并段得到［m/2］个归并段。这种归并方法称为2－路平衡归并。

将两个有序段归并成一个有序段的过程，若在内存进行，则很简单，上一节中的merge过程便可实现此归并。但是，在外部排序中实现两两归并时，不仅要调用merge过程，还要进行外存的读/写，这是由于不可能将两个有序段及归并结果段同时存放在内存中。对外存上信息的读/写是以“物理块”为单位的。假设在上例中每个物理块可以容纳200个记录，则每一趟归并需进行50次“读”和50次“写”，四趟归并加上内部排序时所需进行的读/写，使得在外排中总共需进行500次读/写。

一般情况下，外部排序所需总的时间＝

内部排序（产生初始归并段）所需的时间　　m＊tIS

＋外部信息读写的时间　　d＊tIO

＋内部归并所需的时间　　s＊utmg

其中，tIS是为得到一个初始归并段进行内部排序所需时间的均值；tIO是进行一次外存读/写时间的均值；utmg是对u个记录进行内部归并所需时间；m为经过内部排序之后得到的初始归并段的个数；s为归并的趟数；d为总的读/写次数。由此，上例10 000个记录利用2－路归并进行外排所需总的时间为：

$$10 * tIS + 500 * tIO + 4 * 10\,000tmg$$

其中，tIO取决于所用的外部设备，显然，tIO较tmg要大得多。因此，提高外排的效率应主要着眼于减少外存信息读写的次数d。

下面来分析d和“归并过程”的关系。若对上例中所得的10个初始归并段进行5－路平衡归并（即每一趟将5个或5个以下的有序子文件归并成一个有序子文件），则从图9－15可见，仅需进行二趟归并，外排时总的读/写次数便减至2＊100＋100＝300，比2路归并减少了200次读/写。

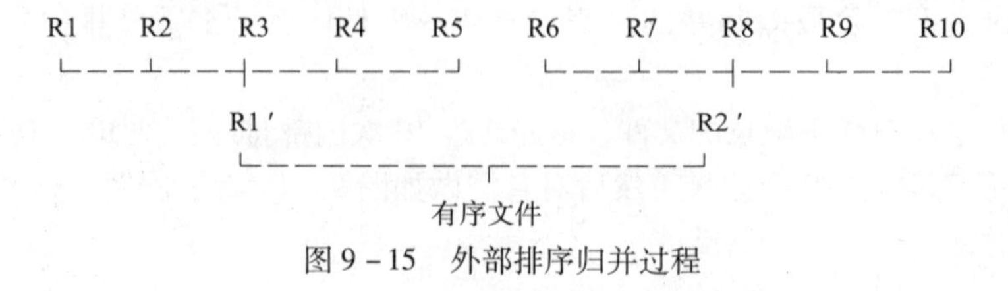

图9－15　外部排序归并过程

可见，对同一文件而言，进行外排时所需读/写外存的次数和归并的趟数 s 成正比。而在一般情况下，对 m 个初始归并段进行 k－路平衡归并时，归并的趟数

$$s = [\log_k m]$$

可见，若增加 k 或减少 m 便能减少 s。

9.9　各种排序方法的比较

迄今为止，已有的排序方法远远不止本章讨论的这些，人们之所以热衷于研究多种排序方法，不仅是由于排序在计算机中所处的重要地位，还因为不同的方法各有其优缺点，可适用于不同的场合。选取排序方法时需要考虑的因素有：待排序的记录数目 n、记录本身信息量的大小、关键字的结构及分布情况、对排序稳定性的要求、语言工具的条件、辅助空间的大小等。依据这些因素，可得出如下几点结论：

①若 n 较小（譬如 $n \leqslant 50$），可采用直接插入排序或直接选。由于直接插入排序所需记录移动操作较直接选择排序的多，因此，若记录本身信息量较大，则选用直接选择排序为宜。

②若文件的初始状态已是按关键字基本有序，则选用直接插入排序为宜。

③若 n 较大，则应采用的排序方法：快速排序、堆排序或归并排序。快速排序是目前基于内部的排序中被认为是最好的方法，当待排序的关键字是随机分布时，快速排序的平均时间最少，并且不会出现快速排序可能出现的最坏情况，这两种排序方法都是不稳定的，若要求排序稳定，则可选用归并排序。但本章结合介绍的两两归并排算法，通常可以将它和直接排序结合在一起使用。先利用直接插入排序求得子文件，再两两归并之。因为直接插入排序是稳定的，所以，改进后的归并排序是稳定的。

④前面讨论的排序算法，除排序外，都是在一维数组上实现的。当记录本身信息量较大时，为了避免浪费大量时间移动记录。可以用链表作为存储结构，如插入排序和归并排序都易于在链表上实现，并分别称为表和归并表。但有的方法，如快速排序和堆排序，在链表上难于实现，在这种情况下，可以提取关键字建立索引表，然后对索引表进行排序。

前面讲到的排序方法按平均的时间性能来分，有三类排序方法：

①高效排序方法——时间复杂度为 $O(n\log_2 n)$ 的方法。

包括快速排序、堆排序。但实验结果表明，就平均时间性能而言，快速排序是所有排序方法中最好的。若待排序的记录个数 n 值较大时，应选用快速排序法。但若待排序记录关键字有“有序”倾向时，就慎用快速排序，而选用堆排序。

②简单排序方法——时间复杂度为 $O(n^2)$ 的方法。

包括插入排序和选择排序，其中以插入排序为最常用，特别是对于已按关键字基本有序排列的记录序列尤为如此，选择排序过程中记录移动次数最少。简单排序一般只用于 n 较小的情况。当序列中的记录“基本有序”时，直接插入排序是最佳的排序方法，常与快速排序、归并排序等其他排序方法结合使用。

③基数排序方法——时间复杂度为 $O(n)$ 的排序方法。因此，它最适用于 n 值很大而

关键字的位数 d 较小的序列。

就平均时间性能而言，快速排序和归并排序有最好的时间性能。相对而言，快速排序速度最快。但快速排序在最坏情况下的时间性能达到了 $O(n^2)$，不如归并排序。

就空间性能来看，直接插入排序、折半插入排序、冒泡排序、简单选择排序要求的辅助空间较小，但时间性能较差。

从稳定性来看，除快速排序和简单选择排序是不稳定的外，其他的几种排序方法都是稳定的。

另外，从待排序记录的个数来看，当待排序记录的个数较少时，采用直接插入排序、折半插入排序或简单选择排序较好；当待排序记录的个数较多时，采用快速排序或归并排序较合适。

综上所述，每一种排序方法各有特点，没有哪一种方法是绝对最优的。应根据具体情况选择合适的排序方法，也可以将多种方法结合起来使用。

9.10 实训项目九——排序系统

1. 实训说明

设计一个排序系统，使之能够操作实现以下功能：

①显示需要输入的排序长度及其各个关键字；

②初始化输入的排序序列；

③显示操作后的新序列；

④可实现循环继续操。

其中包括插入排序、直接插入排序、希尔排序、冒泡排序、快速排序、堆排序、折半插入排序、选择排序、基数排序等排序算法。

2. 算法设计

通过利用前面章节所讲的算法实现。

3. 程序源代码

```
using System;
using System.Collections.Generic;
using System.Linq;
using System.Text;

namespace c_sharp_sort
```

```
{
  class Program
  {
    static void Main(string[]args)
    {
      int[]test7 = { 21,13,321,231,43,7,65,18,48,6 };
      heapsort(test7,0,9);      //堆排序
      foreach(int a in test7)
        Console.Write(a.ToString().PadRight(4));
      Console.WriteLine();

      int[]test6 = { 21,13,321,231,43,7,65,18,48,6 };
      radixsort(test6,0,9,2);
      foreach(int a in test6)
        Console.Write(a.ToString().PadRight(4));
      Console.WriteLine();

      int[]test0 = { 21,13,321,231,43,7,65,18,48,6 };
      insertsort(test0,10);   //插入排序
      foreach(int a in test0)
        Console.Write(a.ToString().PadRight(4));
      Console.WriteLine();

      int[]test1 = { 21,13,321,231,43,7,65,18,48,6 };
      newinsertsort(test1,10);            //折半插入排序
      foreach(int a in test1)
        Console.Write(a.ToString().PadRight(4));
      Console.WriteLine();

        int[]test2 = { 21,13,321,231,43,7,65,18,48,6 };
      shellsort(test2,10);            //希尔排序
      foreach(int a in test2)
        Console.Write(a.ToString().PadRight(4));
      Console.WriteLine();

      int[]test3 = { 21,13,321,231,43,7,65,18,48,6 };
      paopaosort(test3,10);           //冒泡排序
```

```
    foreach(int a in test3)
      Console.Write(a.ToString().PadRight(4));
    Console.WriteLine();

    int[]test4 = { 21,13,321,231,43,7,65,18,48,6 };
    fastsort(test4,0,9);             //快速排序
    foreach(int a in test4)
      Console.Write(a.ToString().PadRight(4));
    Console.WriteLine();

    int[]test5 = { 21,13,321,231,43,7,65,18,48,6 };
    selectsort(test5,10);             //选择排序
    foreach(int a in test5)
      Console.Write(a.ToString().PadRight(4));
    Console.WriteLine();

    Console.Read();
  }
  static public void heapsort(int[]array,int begin,int end) //堆排序
  {
    int temp,i,j,length;
    for(i =(end - begin) /2; i > =begin; i -- )       //建初堆
    {
      j = i;
      while(j  <=(end - begin) /2)
      {
        if((2 * j +2)  <= end)
        {
          if(array[2 * j +1] >array[2 * j +2]&& array[2 * j +1] >array[j])
          {
            temp = array[2 * j +1];
            array[2 * j +1] = array[j];
            array[j] = temp;
            j =2 * j +1;
          }
          else if(array[2 * j +1] < array[2 * j +2]&&
            array[2 * j +2] >array[j])
            {
```

```
            temp = array[j];
            array[j] = array[2 * j + 2];
            array[2 * j + 2] = temp;
            j = 2 * j + 2;
          }
          else
            break;
          }
          else
          {
            if(array[2 * j + 1] > array[j])
            {
              temp = array[2 * j + 1];
              array[2 * j + 1] = array[j];
              array[j] = temp;
              j = 2 * j + 1;
            }
            break;
          }
        }
      }
      for(length = end; length > begin; length --)    //首尾交换
      {
        temp = array[length];
        array[length] = array[0];
        array[0] = temp;
        j = 0;
        while(j < (length - begin - 1) /2)        //调整堆
        {
          if((2 * j + 2) <= end)
          {
            if(array[2 * j + 1] > array[2 * j + 2]&&array[2 * j + 1] >
array[j])
            {
              temp = array[2 * j + 1];
              array[2 * j + 1] = array[j];
              array[j] = temp;
              j = 2 * j + 1;
```

```
                }
                else if(array[2 * j +1] <array[2 * j +2]&&array[2 * j +
2] >array[j])
                {
                  temp =array[j];
                  array[j] =array[2 * j +2];
                  array[2 * j +2] =temp;
                  j =2 * j +2;
                }
                else
                  break;
                }
            }
        }
    }
    static public void insertsort(int[]array,int length)
    //直接插入排序
    {
      int i,j,temp;
      for(i =1; i <length; i ++)
      {
        temp =array[i];
        j =i -1;
        while(temp <array[j])
        {
         array[j +1] =array[j];
         j =j -1;
         if(j == -1)
         {
           break;
         }
        }
        array[j +1] =temp;
      }
    }
    static public void newinsertsort(int[]array,int length)
      //折半插入排序
    {
```

```
int low,high,i,j,temp;
for(i =1; i <length; i ++)
{
  temp = array[i];
  low =0; high = i -1;
  j = (high - low) /2;
  while(low <= high)
  {
    if(low == high)
    {
      if(array[0] >temp)
        j =0;
      else
        j =1;
      break;
    }
    else if(low == high -1)
    {
      if(array[j +1] <temp)
        j + =2;
      else if(array[j] <temp)
        j ++;
      break;
    }
    else if(array[j] <temp)
    {
      low = j;
      j + = (high - low) /2;
    }
    else if(array[j] >temp)
    {
      high = j;
      j = low + (high - low) /2;
    }
    else
      break;
  }
  for(int n = i -1 ; n > = j; n --)
```

```
            array[n +1] =array[n];
          array[j] =temp;
        }
    }
    static public void shellsort(int[]array,int length)
      //希尔排序(基于直接插入排序)
    {
    int i,j,k,delta =length/2,temp;
    while(delta! =0)        //delte 为分组递增值
    {
      for(i =0; i <delta; i ++)
      {
        for(j =i +delta; j <length; j + =delta)
        {
          temp =array[j];
          k =j -delta;
          while(temp <array[k]) //对每组进行直接插入排序
          {
            array[k +delta] =array[k];
            k =k -delta;
            if(k ==i -delta)
            {
              break;
            }
          }
          array[k +delta] =temp;
        }
        j - =delta;
        if(array[j] <array[i])   //两组之间首位进行交换排序
        {
          temp =array[j];
          array[j] =array[j];
          array[j] =temp;
        }
      }
      delta /=2;
    }
}
```

```
static public void paopaosort(int[]array,int length)
  //冒泡排序
{
  int i,j,temp;
  j=length;
  while(j!=0)
  {
    for(i=0; i<j-1; i++)
    {
      if(array[i]>array[i+1])
      {
        temp=array[i];
        array[i]=array[i+1];
        array[i+1]=temp;
      }
    }
    j--;
  }
}

static public void fastsort(int[]array,int begin,int end)
  //快速排序
{
  if(begin<0 ||end<0 ||begin>end)
    return;
  int left=begin,right=end,temp; //经典的快排
  temp=array[left];
  while(right !=left)
  {
    while(temp<array[right]&& right>left)
      right--;
    if(right>left)
    {
      array[left]=array[right];
      left++;
    }
    while(temp>array[left]&& right>left)
      left++;
```

```
    if(right >left)
    {
      array[right] =array[left];
      right --;
    }
  }
  array[right] =temp;
  fastsort(array,right +1,end);
  fastsort(array,begin,right -1);
}
static public void selectsort(int[]array,int length) //选择排序
{
   int i =0,j,min,temp_array,temp;
   while(i <length -1)
  {
    min =array[i];
    temp =i;
    for(j =i +1; j <length; j ++)
    {
      if(array[j] <min)
      {
        min =array[j];
        temp =j;
      }
    }
    temp_array =array[i];
    array[i] =array[temp];
    array[temp] =temp_array;
    i ++;
  }
}
static public void radixsort(int[]array,int begin,int last,int pow)
  //基数排序
{
  Queue <int >[]queue =new Queue <int >[10];
    //利用泛型队列来存储筛选分组
  queue[0] =new Queue <int >();
  queue[1] =new Queue <int >();
```

```
    queue[2] = new Queue < int >();
    queue[3] = new Queue < int >();
    queue[4] = new Queue < int >();
    queue[5] = new Queue < int >();
    queue[6] = new Queue < int >();
    queue[7] = new Queue < int >();
    queue[8] = new Queue < int >();
    queue[9] = new Queue < int >();
    int[]nn = {0,0,0,0,0,0,0,0,0,0};
    int x,p = pow,n,i;
    while(p > =0)
    {
  for(i = begin;i <= last;i ++)
    {int sum = array[i];
    n = pow - p;
    while(n! =0)
    {
    sum = sum/10;
    n --;}
    sum = sum% 10;
    switch(sum)
    {case 0: queue[0].Enqueue(array[i]);nn[0] ++;break;
    case 1: queue[1].Enqueue(array[i]); nn[1] ++; break;
    case 2: queue[2].Enqueue(array[i]); nn[2] ++; break;
    case 3: queue[3].Enqueue(array[i]); nn[3] ++; break;
    case 4: queue[4].Enqueue(array[i]); nn[4] ++; break;
    case 5: queue[5].Enqueue(array[i]); nn[5] ++; break;
    case 6: queue[6].Enqueue(array[i]); nn[6] ++; break;
    case 7: queue[7].Enqueue(array[i]); nn[7] ++; break;
    case 8: queue[8].Enqueue(array[i]); nn[8] ++; break;
    case 9: queue[9].Enqueue(array[i]); nn[9] ++; break;
    }
    }   //for
   x = n = 0;
   for(i = 0;i < 10;i ++)
    {n = n + x;
    x = nn[i];
    while(nn[i]! = 0)
```

```
    {
      array[n+x-nn[i]]=queue[i].Peek();
      queue[i].Dequeue();
      nn[i]--;
      }}
    p--;} //while
    }
  }
}
```

本章小结

排序（sorting）是计算机程序设计中的一种重要操作，它的功能是将一组数据元素（或记录）的任意序列，重新排列成一个按关键字有序的序列。本章主要介绍了排序的概念及其基本思想、排序过程和实现算法，简述了各种算法的时间复杂度和空间复杂度。

一个好的排序算法所需要的比较次数和存储空间都应该较少，但从本章讨论的各种排序算法中可以看到，不存在“十全十美”的排序算法，各种方法各有优缺点，可适用于不同的场合。由于排序运算在计算机应用问题中经常碰到，需要重点理解各种排序算法的基本思想，熟悉过程及实现算法，以及对算法的分析方法，从而面对实际问题时能选择合适的算法。

习　题

1. 编写一个以单链表为存储结构的插入排序算法。

2. 已知关键字序列为{12，32，45，67，74，83}，分别用插入排序、选择排序、希尔排序、冒泡排序对其进行排序，并写出排序过程。

3. 编写一个以单链表为存储结构的选择排序算法。

4. 写出长度分别为n1，n2，n3的有序表的3路归并排序算法。

5. 已知关键字序列为{24，31，45，6，3，43，0，23，56，78，90}，请用基数排序法对其进行排序，并写出每一趟排序的结果。

6. 上面所介绍的几种排序算法中哪些是稳定的？哪些是不稳定的？

7. 设要将序列（Q，H，C，Y，P，A，M，S，R，D，F，X）中的关键码按字母序的升序重新排列，写出2路归并排序一趟扫描的结果、堆排序初始建小顶堆的结果。